高职高专国家示范性院校计算机专业课改教材

Visual FoxPro 6.0 程序设计教程

（第三版）

丁爱萍　主编

西安电子科技大学出版社

内 容 简 介

本书采用"任务驱动式"方法讲述 Visual FoxPro 6.0 可视化程序设计方法及数据库的操作使用。主要内容包括：Visual FoxPro 编程基础，编程工具与步骤，赋值与输入输出，选择结构程序设计，循环结构程序设计，数组，自定义属性与自定义方法，表单集与多重表单，菜单与工具栏设计，VFP 数据表，数据库和多表操作，查询和视图，关系数据库标准语言 SQL，报表输出等。

本书实例丰富，体系清晰，精编精讲，深入浅出，符合全国计算机等级(二级 Visual FoxPro)考试大纲的要求，也可作为全国计算机等级考试(二级 Visual FoxPro 程序设计)、全国高等学校计算机等级考试(二级 VFP)及省市计算机应用(Visual FoxPro)水平测试的培训教材。

本书适合作为高职高专及各类中等学校的教材，同时也可作为程序设计初学者的自学用书。

图书在版编目 (CIP) 数据

Visual FoxPro 6.0 程序设计教程/丁爱萍主编. —3 版. —西安：西安电子科技大学出版社，2012.1

高职高专国家示范性院校计算机专业课改教材

ISBN 978-7-5606-2719-9

Ⅰ. ① V… Ⅱ. ① 丁… Ⅲ. ① 关系数据库—数据库管理系统，Visual FoxPro 6.0—程序设计—高等职业教育—教材 Ⅳ. ① TN311.138

中国版本图书馆 CIP 数据核字(2011)第 278496 号

策 划 马乐惠

责任编辑 陈 婷 马乐惠

出版发行 西安电子科技大学出版社(西安市太白南路 2 号)

电 话 (029)88242885 88201467 邮 编 710071

网 址 www.xduph.com 电子邮箱 xdupfxb001@163.com

经 销 新华书店

印刷单位 陕西华沐印刷科技有限责任公司

版 次 2012 年 1 月第 3 版 2012 年 1 月第 12 次印刷

开 本 787 毫米×1092 毫米 1/16 印 张 16.5

字 数 388 千字

印 数 54 001～58 000 册

定 价 26.00 元

ISBN 978-7-5606-2719-9/TP · 1318

XDUP 3011003-12

如有印装问题可调换

前　言

2002 年我们推出了高职高专教材《Visual FoxPro 6.0 程序设计教程》，2007 年推出了第二版。该套教材以"编程零起点"的特色受到广大教师和学生的欢迎，许多读者来信感谢作者编写出了易教、易学的好书，使得学生无需具备数据库和程序设计的基础知识，就能通过本书浅显易懂的讲授和示例，一步步地引导学生建立起数据管理的概念，学会数据管理的方法和技巧。

2011 年，我们根据示范院校专业教学改革成果，再次对本书进行修订，编著了第三版，与第二版相比，我们进行了下列改善：

(1) 根据高等职业教育教学改革的最新理念，我们采用项目化教学进行课程重构，对各个知识点重新进行了教学设计。针对 VFP 课程的教学目标和高职学生的认知规律，采用了任务驱动式的编写模式重新进行教材体系的编排。

(2) 结合当前 VFP 数据库技术的教学对象主要是非计算机专业学生这一特点，简化了部分概念的描述(如数据库的概念、可视化编程的概念等)，并对原书中的部分细节内容进行了调整、简化和修改。

(3) 根据对非计算机专业学生的职业岗位分析，删去了第二版中第 14 章"关系数据库标准语言 SQL"内容。

在第三版的编写过程中，我们仍遵循了第一版和第二版的编写特色，将难点分散到各章节中，对重点、难点分析透彻，注重知识内容的连贯性，取材深浅适宜。

本书适合作为高职高专及各类中等学校的教材，也可作为全国计算机等级考试(二级 Visual FoxPro 程序设计)、全国高等学校计算机等级考试(二级 VFP)、省市计算机应用(Visual FoxPro)水平测试的培训教材，还可作为广大工程技术人员进行 VFP 程序设计及数据库项目开发的参考资料，也是 VFP 爱好者入门和提高的参考书籍。

本书由丁爱萍编著，参加本书编写的人员有张敦银、李海祥、胡洁、李群生、董亚、胡峰、李美嫦、马志伟、岳爱英、岳香菊等。由于作者水平有限，书中难免有不足之处，敬请读者提出宝贵的意见和建议。

编　者
2011 年 8 月

第二版前言

《Visual FoxPro 6.0 程序设计教程》第一版于 2002 年出版以来，受到了读者的一致好评，许多选用本书作为教材的教师和学生多次通过书函、电子邮件、电话等形式对本书给予了高度评价。他们认为，本书浅显易懂、条理清晰，能够将"复杂的问题简单化，困难的问题简捷化"，非常适合目前高职高专学生的生源情况，并表示将长期选用本书作为本校教材。同时他们也提出了一些合理的建议和意见，如增大习题量、增加多种题型等。

结合近几年的使用情况和读者的建议，笔者对第一版进行了全面修订。此次出版的第二版与第一版相比，主要在以下几个方面进行了调整和改进：

(1) 重组章节内容。将第一版的 18 章内容进行了重组，调整为 15 章内容。主要调整内容是数据库操作部分，即将第一版中的第 11～17 章，调整为第二版中的第 11～15 章。调整后，知识更加连贯，内容更加紧凑，条理更加清晰。

(2) 增加题型题量。第二版每章习题均比第一版有所增加，题型有选择题、填空题、思考题、上机题和编程题，更加贴近各类计算机程序设计考试，便于学生通过练习掌握课本知识，提高应试能力和应试技巧。

(3) 扩充部分内容。为使初学者更加清楚地了解 VFP 的使用方式，本书在第 1 章中增加了 VFP 工作方式的介绍。为配合各类计算机等级考试，本书在第 11 章中增加了数据表常用的窗口命令，如显示记录命令、查找记录命令、统计命令等。

(4) 添加中文注释。VFP 程序设计中控件的属性较多，这是初学者学习 VFP 的难点，为便于初学者更快地理解 VFP 属性、控件等的含义，本书在用到这些属性和控件时，给出了相应的中文注解。

总之，第二版遵循了第一版中"以程序设计为主线，重点突出，难点分散"的特点，通过大量的示例深入浅出地介绍了应用系统开发的方法和步骤，在编写结构上更加符合学生的认知规律，在内容叙述上更加简练准确、精益求精，着力培养学生利用 VFP 解决实际问题的能力。

本书可作为高职高专及各类中等学校的教材，也可作为全国计算机等级考试(二级 Visual FoxPro 程序设计)、全国高等学校计算机等级考试(二级 VFP)和省市计算机应用(Visual FoxPro)水平测试的培训教材，还可作为广大工程技术人员进行 VFP 程序设计及数据库项目开发的参考资料，更是 VFP 爱好者入门和提高的参考书籍。

本书由丁爱萍编著，参加本书编写的人员还有张玉姣、付宇、裴敬忠、万径、徐存保、樊万辉、李建壮、龙瑞红、张歌凌等。由于时间仓促，加之作者水平有限，书中疏漏之处在所难免，敬请读者提出宝贵意见和建议。

编　者

2007 年 1 月

第一版前言

Visual FoxPro 6.0 是 Microsoft 公司推出的最新可视化数据管理系统平台，是功能特别强大的 32 位数据库管理系统。它提供了功能完备的工具、极其友好的用户界面、简单的数据存取方式、独一无二的跨平台技术，并具有良好的兼容性、真正的可编译性和较强的安全性，是目前最快捷、最实用的数据库管理系统软件之一。

本书以程序语言结构作为主线，把可视化控件、向导分散到各章中介绍，从过程式程序设计和面向对象程序设计两个方面，通过实例深入介绍应用系统开发的方法和步骤。本书在内容编排上形式新颖，在讲述数据库程序设计基础和基本步骤之后，循序渐进地介绍了 Visual FoxPro 6.0 的可视化编程集成开发环境和开发工具。本书主要内容包括：Visual FoxPro 的基础知识，Visual foxPro 的可视化编程工具与步骤，顺序结构、选择结构、循环结构程序设计，过程与过程调用，数据库和表的建立、修改与有效性检验，多表操作，建立视图与数据查询，关系数据库标准语言 SQL 的数据定义、修改、查询功能，项目管理器、设计器和向导的使用等。

全书内容组织合理，实例丰富，体系清晰，深入浅出，精编精讲，在叙述上语言简练、通俗易懂，并注重培养读者利用 Visual FoxPro 解决实际问题的能力，力求使读者尽快全面掌握 Visual FoxPro。书中所有示例的源程序代码具有一定的代表性，读者直接选取或稍加修改就可以将其应用到工作或程序开发中。

本书符合全国计算机等级(二级 Visual FoxPro)考试大纲。书中每章均有习题，书后还提供了一套完整的 Visual FoxPro 程序开发实例，既有利于教师组织教学，又有利于培养学生的实际操作能力和自学能力。

本书可作为高职高专及各类中等学校的教材，也可作为全国计算机等级考试(二级 Visual FoxPro 程序设计)或省市计算机应用(Visual FoxPro)水平测试的培训教材，还可作为广大工程技术人员进行 Visual FoxPro 6.0 程序设计及数据库项目开发的参考资料，更是 Visual FoxPro 6.0 爱好者入门和提高的参考书籍。

本书由丁爱萍编著，詹小来主审，参加本书编写的人员有王茂森、黄辉、龚西城、赵兴安、李莉、任娟、王文陵、韩继红、黄明河、张谨、胡洁等。由于时间仓促，加之作者水平有限，书中疏漏错误之处在所难免，欢迎读者通过 dingap@371.net 提出宝贵意见和建议。

编　者

2002 年 3 月

目　　录

第 1 章　Visual FoxPro 概述

Visual FoxPro 6.0(中文版，简称 VFP 6.0)是由美国 Microsoft 公司推出的数据库软件系统。Visual FoxPro 6.0 将面向对象的程序设计技术与关系型数据库系统有机地结合在一起，是功能更强大的可视化程序设计的关系数据库系统。

在学习 VFP 强大的数据库管理功能前，我们需先了解一些数据库的基础知识。本章将使学生对 VFP 有一个初步的认识。具体内容包括：

(1) 数据和数据库的基本概念。

(2) VFP 功能界面和工作方式。

(3) 配置 VFP。

任务 1.1　数据和数据库的基本概念

任务导入

在日常生活和工作中，我们每天都要接触大量的信息，如学生成绩、人事档案、工资报表、货物清单等，其中包含有各种各样的数据。面对如此众多的数据，就需要借助计算机将这些数据分门别类地存于"数据库"中，以便随时检索，找出需要的数据。本任务将学习数据和数据库的基本概念。

学习目标

(1) 了解数据、数据库、数据库系统的基本概念。

(2) 了解数据模型的含义及常用的数据模型。

(3) 了解关系数据库的组成。

任务实施

1. 数据、数据库、数据库系统

1) 数据

数据是指存储在某一种媒体上，能够识别的物理符号。数据处理是指将数据转换成信息的过程。广义地讲，数据处理包括对数据的收集、存储、加工、分类、计算、检索、传输等一系列处理活动。狭义地讲，数据处理是指对所输入的数据进行加工整理。数据处理的目的是从大量的现有数据中，根据事物之间的联系，通过分析归纳、演绎推导等手段，得到所需要的有价值的信息。

2) 数据库

数据库是以一定的组织方式存储在一起的、能为多个用户共享的、独立于应用程序的且相互关联的数据集合。

3) 数据库系统

数据库系统研究的对象是现实世界中的客观事物，以及反映这些事物之间的相互联系。数据库系统的主要特点为：

(1) 数据的共享性：数据库中的数据能为多个用户服务。

(2) 数据的独立性：用户的应用程序与数据的逻辑组织以及物理存储方式无关。

(3) 数据的完整性：数据库中的数据在操作和维护过程中保持正确无误。

(4) 数据的集中性：数据库中的数据冗余(重复)少。

2. 数据模型

数据库系统研究的客观事物及其相互联系，不能以它们在现实世界中的形式进入计算机，因此必须对客观事物及其联系进行抽象转换，使其以便于计算机表示的形式进入计算机。

数据模型是指数据库的组织形式，它决定了数据库中数据之间联系的表达方式，即在计算机中表示客观事物及其联系的数据及结构。

根据数据的组织方式的不同，目前常用的数据模型有三种，即层次数据模型、网状数据模型和关系数据模型。

1) 层次数据模型

层次模型是以记录数据为节点的，节点之间的联系像一棵倒放的树，树根、树的分枝点、树叶都是节点。节点是分层的，树根是最高层，例如家谱、企事业中各部门编制之间的联系。

2) 网状数据模型

网状模型是以记录数据为节点的连通图，节点之间的联系像一张网，网上的连接点都是节点。节点之间是平等的，不分层次的。例如同事、同学、朋友、亲戚之间的联系。

3) 关系数据模型

关系模型中每个关系都对应着一张二维表，采用二维表来表示数据及其联系，表格与表格之间通过相同的栏目建立联系。

由于关系模型有很强的数据表示能力和坚实的数学理论基础，且结构单一，数据操作方便，最容易被用户接受，所以是目前应用最广的一种数据模型。例如学生成绩表、工资表等。

3. 关系数据库的组成

一个关系数据库是由若干个数据表组成的，一个数据表又由若干个记录组成，而每个记录则由若干个以字段属性加以分类的数据项组成。

例如，表 1-1 所示的学生基本情况表就是一个数据表。

表 1-1　学生基本情况表

学　　号	姓　名	性　别	出生日期	班　级	成　绩
2011001	张红雨	女	1993 年 5 月 13 日	财会 11	550
2011002	李　强	男	1992 年 9 月 25 日	市场营销 11	498
2011003	王　东	男	1993 年 7 月 12 日	计算机 11	485
2011004	杜成千	女	1992 年 7 月 30 日	国际贸易 11	520
2011005	黄小红	女	1994 年 10 月 11 日	财会 11	510
2011006	高　原	女	1992 年 11 月 12 日	计算机 11	490

1) 表名

每一个表都有一个名字，即表名。

在关系数据库中，每一个数据表都具有相对的独立性，这个独立性的唯一标志是数据表的名字，称为数据表文件名。

2) 记录

表格中的每一行在关系中称为一个记录(即表格中栏目名下的行)，如姓名为"张红雨"所在行的所有数据就是一个记录。

3) 字段

表格中的每一列在关系中称为一个字段，每个字段都有一个字段名，它对应着表格中的栏目名。如"学号"、"姓名"等都是属性，属性的取值范围称为域。

记录中的一个字段的取值，称为字段值。字段值随着每一行记录的不同而变化。

现实世界中由于存在同名现象，如姓名、单位名等等，因此人们普遍采用在原来关系中增加一个编号字段，如学号、职工号、身份证号等，依此来确保唯一性。

思考与练习

1. 数据模型不仅表示反映事物本身的数据，而且表示_____。

2. 目前常用的数据模型有三种，即_____模型、_____模型和_____模型。

3. 用二维表格来表示实体与实体之间联系的数据模型称为_____。

A) 实体-联系模型　　　　　B) 层次模型

C) 网状模型　　　　　　　D) 关系模型

4. Visual FoxPro 是一种关系型数据库管理系统，所谓关系是指_____。

A) 各条记录中的数据彼此有一定的关系

B) 一个数据库文件与另一个数据库文件之间有一定的关系

C) 数据模型符合满足一定条件的二维表格式

D) 数据库中各个字段之间彼此有一定的关系

任务 1.2　Visual FoxPro 工作环境

任务导入

Visual FoxPro 6.0 是 Windows 的应用程序，Windows 窗口的所有操作方法它都适用。在学习 VFP 之前，我们需要了解 VFP 的用户界面、工作方式等。本任务将学习 VFP 的启动、用户界面、工作方式等。

学习目标

(1) 能熟练启动和退出 VFP 系统。
(2) 了解 VFP 主界面的组成部分。
(3) 了解 VFP 的交互方式和程序方式。
(4) 会通过 VFP 的帮助系统获取帮助。

任务实施

1. 启动 Visual FoxPro 6.0

单击"开始"按钮→"开始"菜单→"程序"项→"Microsoft Visual FoxPro 6.0"→"Microsoft Visual FoxPro 6.0"，如图 1-1 所示，进入 Visual FoxPro 6.0 后，将首先弹出初始界面。

图 1-1　启动 Visual FoxPro 6.0

窗口中部的对话框有 5 个单选项和 1 个复选项，5 个单选项分别为：

(1) 打开组件管理器：打开新的组件管理库，管理 Visual FoxPro 组件。

(2) 查找示例程序：将示例应用程序窗口打开，示例应用程序的目的是帮助用户学习如何使用 Visual FoxPro。通过研究每个示例，可以看到示例是如何运行的，了解如何用代码来实现这些示例，并把示例中的一些特性应用到用户的应用程序中。

(3) 创建新的应用程序：将 "程序" 窗口打开，创建新的应用程序。

(4) 打开一个已存在的项目：将显示"打开"项目对话框。

(5) 关闭此屏：关闭此对话框，将回到 Visual FoxPro 的主界面窗口。

如果选择了"以后不再显示此屏"复选项，在以后启动 Visual FoxPro 后将直接进入 Visual FoxPro 的主界面窗口。初学者应选择"关闭此屏"，然后在 Visual FoxPro 的主界面窗口中操作。

2. Visual FoxPro 主界面

关闭图 1-1 所示的对话框后，窗口显示如图 1-2 所示。

图 1-2　VFP 主界面

1) 标题栏

标题栏的最左边是窗口控制图标，单击该图标，将拉出控制菜单，从中可以进行窗口的移动、最大化、最小化、恢复和关闭操作。

控制按钮的右边是应用程序名称 "Microsoft Visual FoxPro"。

标题栏的最右边依次是最小化、最大化或恢复、关闭按钮。

2) 菜单栏

Visual FoxPro 的大部分功能和操作都可以通过菜单系统来实现。单击菜单栏将弹出下拉菜单，选择相应的命令就可实现相应的功能或操作。

3) 标准工具栏

标准工具栏上的按钮代表了最为常用的命令，有效地利用工具栏，能大大方便程序开发工作。除了标准工具栏外，Visual FoxPro 6.0 还提供了十几种工具栏，在编辑相应的文档和窗口时，可选择所需要的工具栏。

4) 命令窗口

在 Visual FoxPro 菜单中的命令也可以通过命令窗口进行输入来执行。命令窗口是一个可编辑的窗口，就像其他文本窗口一样，可在命令窗口中进行各种插入、删除、块复制等操作，也可通过光标或滚动条控制其在整个命令窗口中上下移动。

在选择菜单命令时，对应的命令行在命令窗口中显示出来，运行进入 Visual FoxPro 系统后，用户从菜单或命令窗口输入的命令到退出系统之前都具有有效性，用户只需要将光标移到命令行上，然后按〈Enter〉键，所选命令将再次执行。用户也可以在命令窗口中将本次进入 Visual FoxPro 系统后的任何一条已执行的命令加以修改，然后再次执行。

在 Visual FoxPro 中，命令与函数仅识别前 4 个字母，即命令和函数只需输入前 4 个字母，不过一旦输入多于 4 个字母，则必须将该命令完整输入，否则将是错误命令。

在操作过程中，如果命令窗口被覆盖或隐藏起来了，可以单击"窗口"菜单→"命令窗口"，使之重新显示出来。可以通过 Windows 任务栏右下角的中英文转换按钮▣，切换中文或英文的输入方式。

3. 退出 Visual FoxPro

可以用下面的任一种方法退出 Visual FoxPro 6.0 系统：

(1) 单击系统主窗口右上角的"关闭"按钮。

(2) 单击"文件"菜单→"退出"命令。

(3) 在命令窗口键入 QUIT 后按〈Enter〉键。

(4) 同时按下〈Alt〉+〈F4〉键。

4. VFP 的工作方式

Visual FoxPro 的工作方式分为交互方式与程序方式两种。

1) 交互方式

交互方式是通过人机对话来执行各项操作。在 Visual FoxPro 中，有两种交互方式：命令方式和可视化操作方式。

(1) 命令方式是通过命令窗口输入合法的 VFP 命令来完成各种操作。例如，在命令窗口输入命令：

    DIR

按〈Enter〉键后，系统将在 VFP 主窗口中，显示当前目录下所有数据表文件(.DBF)列表，如图 1-3 所示。

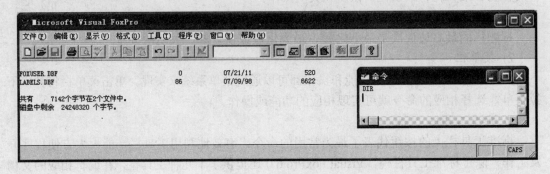

图 1-3　VFP 命令方式

(2) 可视化操作方式，即利用 Visual FoxPro 集成环境提供的各种工具(如菜单、工具栏、设计器、生成器、向导等)来完成各项操作。这种方法非常直观，简单易学。

2) 程序方式

Visual FoxPro 的最有力的功能需要通过程序方式实现。通过把 Visual FoxPro 的合法命令组织编写成命令文件(程序)，或是利用 Visual FoxPro 提供的各种程序生成工具：表单设计器、菜单设计器、报表设计器等来设计程序。然后执行程序，来完成特定的操作任务。

5. VFP 中最简单的操作命令

在进一步说明之前，我们对语法格式中使用的一些符号做出以下约定：

- [ ]——任意选项约定符，表示其中内容可选可不选。
- 〈 〉——必选项约定符，表示其中内容由用户输入，必须选择。
- {Ⅰ}——选择项约定符，表示其中多项内容选择其一。

1）输出命令

"?"命令是最为简单的输出命令，"?"命令计算并在 VFP 主窗口中显示各表达式的值。命令格式为：

　　　? [〈表达式列表〉]

【说明】

若表达式多于一项，各表达式间要用逗号隔开，显示时各表达式之间各空一格，如图 1-4 所示。

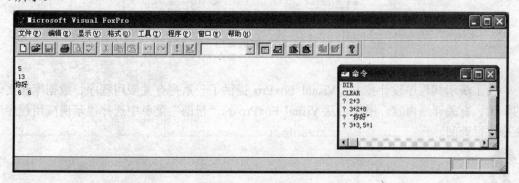

图 1-4　简单的输出命令

2）清屏命令

CLEAR 用来清除 Visual FoxPro 主窗口中的任意输出内容。命令格式为：

　　　CLEAR

6. VFP 帮助系统

使用 Visual FoxPro 帮助系统，可以快速查询到 VFP 设计工具和程序语言的有关信息。

1）获得帮助

如果对某个窗口或对话框的含义不理解，只要按〈F1〉键，就可以显示出关于该窗口或对话框的上下文相关的帮助信息。

选择"帮助"菜单→"Microsoft Visual FoxPro 帮助主题"命令，可以得到 Visual FoxPro 联机帮助的内容概述。若要查找有关特定术语或主题的帮助信息，请选择"帮助"菜单→"索引"选项卡。

2）联机文档

从任何一个对话框中单击"帮助"按钮、按〈F1〉键，或者单击"开始"菜单→"程序"→"Microsoft Developer Network"→"MSDN Library Visual Studio 6.0"，都将打开联机文档，如图 1-5 所示。

在联机文档中有非常详细的帮助内容，如安装指南、用户指南、开发指南、语言参考，在语言参考中有 Visual FoxPro 全部的语句和函数，读者应该学会通过联机文档学习 Visual FoxPro。本教材受篇幅所限，有些语句和函数没有给出语法和说明，读者可使用联机文档自己查看。

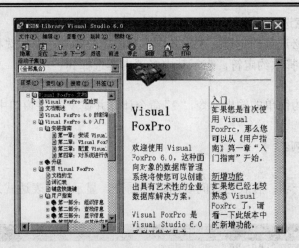

图 1-5　联机文档

3) 获得示例

为了演示其程序设计技术，Visual FoxPro 提供了一系列有关应用程序、数据库和文件的示例。有关详细内容，用户可从 Visual FoxPro 的"帮助"菜单中选择"示例应用程序"命令进行查阅。

思考与练习

1. 简述 Visual FoxPro 6.0 主窗口的组成部分。
2. 启动和退出 VFP 的方法是什么？
3. 如何显示与隐藏命令窗口？
4. 简述 Visual FoxPro 6.0 联机帮助的使用方法。

任务 1.3　配置 Visual FoxPro

任务导入

在使用 Visual FoxPro 时，有时会感到默认的工作环境不符合我们的使用习惯，这时可以根据需要定制开发环境。环境设置包括主窗口标题、默认目录、项目、编辑器、调试器及表单工具选项、临时文件存储、拖放字段对应的控件和其他选项。我们既可以用交互式，也可以用编程的方法配置 Visual FoxPro，甚至可以使 Visual FoxPro 启动时调用用户自建的配置文件。

本任务学习配置 VFP 工作环境的方法。

学习目标

(1) 会自定义工具栏。

(2) 会设置 VFP 主窗口显示方式、指定临时文件位置等。

(3) 会配置 Visual FoxPro 编辑器。

任务实施

1. VFP 中可定制的工具栏介绍

Visual FoxPro 中可定制的工具栏，见表 1-2。

表 1-2　Visual FoxPro 可定制的工具栏

工　具	相关的工具栏	命　令
数据库设计器	数据库	CREATE　DATABASE
表单设计器	表单控件、表单设计器、调色板、布局	CREATE　FORM
打印预览	打印预览	
查询设计器	查询设计器	CREATE　QUERY
报表设计器	报表控件、报表设计器、调色板、布局	CREATE　REPORT

2. 激活及关闭工具栏

在默认情况下，只有常用工具栏可见。当使用一个 Visual FoxPro 设计器工具(例如，表单设计器)时，该设计器将显示使用它工作时常用的工具栏，用户也可以在任何需要的时候激活一个工具栏。

1) 激活工具栏

若要激活某工具栏，可运行相应的工具，或者单击"显示"菜单→"工具栏"命令，打开"工具栏"对话框，在"工具栏"对话框中，选中需要激活的工具栏，如图 1-6 所示。

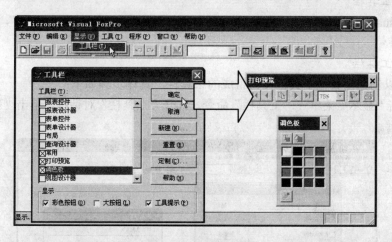

图 1-6　激活工具栏

2) 关闭工具栏

若要关闭某工具栏，可以直接单击该工具栏上的"关闭"按钮▣，或者单击"显示"菜单→"工具栏"命令，在"工具栏"对话框中，清除关闭工具栏前面的复选框内容▣，使之空白。

3. 自定义工具栏

创建自定义工具栏最简单的方法就是修改 Visual FoxPro 提供的工具栏。例如，希望实现从一个现有工具栏中移去一个按钮或者从一个工具栏向另一个工具栏复制按钮。

1) 修改现有的工具栏

(1) 选择"显示"菜单→"工具栏"命令。

(2) 在"工具栏"对话框中，选定所需定制的工具栏并单击"定制"按钮。

(3) 在"定制工具栏"对话框中，选择适当的类别，把所需按钮拖到工具栏上，如图1-7 所示。

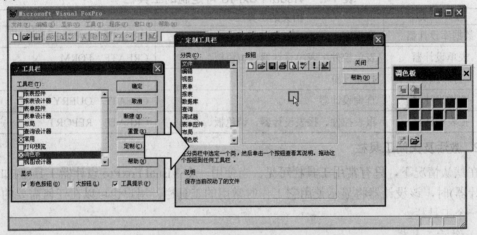

图 1-7   "定制工具栏"对话框

(4) 单击"关闭"按钮结束工具栏的定制工作。

2) 重置工具栏

更改 Visual FoxPro 工具栏之后，可以通过"工具栏"对话框中的"重置"，把它恢复到原来的配置。

3) 创建工具栏

用户可以创建由其他工具栏按钮组成的工具栏，具体步骤如下：

(1) 单击"显示"菜单→"工具栏"命令，打开"工具栏"对话框，单击"新建"按钮，如图1-8 所示。

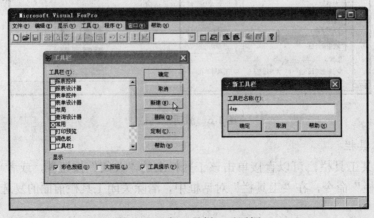

图 1-8   "新工具栏"对话框

(2) 在"新工具栏"对话框中命名工具栏，单击"确定"按钮后将弹出"定制工具栏"对话框，从中选择一个类别。

(3) 把所需的按钮拖到新建的工具栏上，如图 1-9 所示。

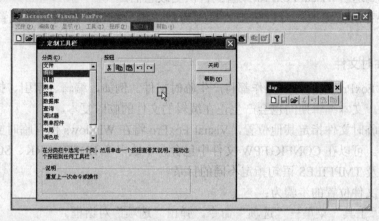

图 1-9　拖动按钮到新建的工具栏上

(4) 利用鼠标把工具栏上的按钮拖动到所需位置来重排顺序。

(5) 在"定制工具栏"对话框中，选择"关闭"按钮结束工具栏的创建工作。

4) 删除工具栏

在 VFP 中不能删除 VFP 提供的工具栏，但可删除用户自己创建的工具栏。

(1) 选择"显示"菜单→"工具栏"，在"工具栏"对话框中选定欲删除的工具栏。

(2) 单击"删除"按钮，在弹出的确认框中单击"确定"。

4. 设置环境和管理临时文件的"选项"对话框

可以在 VFP"命令窗口"中使用"SET"命令设置环境，也能使用下列方式在"选项"对话框中设置、查看或更改环境选项。

单击"工具"菜单→"选项"命令，打开"选项"对话框。在"选项"对话框中，有一组代表不同类别环境选项的选项卡。例如，在"显示"选项卡中，可设置 VFP 主窗口显示方式，如图 1-10 所示；在"区域"选项卡中，可设置日期格式、货币格式等项，如图 1-11 所示。

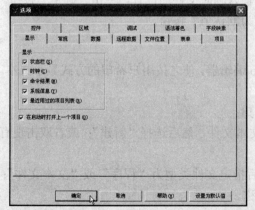

图 1-10　"选项"对话框中的"显示"选项卡

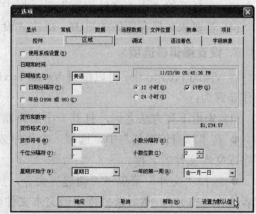

图 1-11　"选项"对话框中的"区域"选项卡

5. 保存设置选项

如果在"选项"对话框中选择设置,然后单击"确定"按钮,则这些设置仅在当前工作期有效,直到退出 Visual FoxPro(或直到再次更改它们)。

要永久保存所做更改,可以单击"设置为默认值"按钮,此时这些设置保存为默认设置。

6. 管理临时文件

在 Visual FoxPro 中的许多操作都将产生临时文件。例如,编辑、索引、排序时,都要产生临时文件。文本编辑期间也会产生正在编辑的文件的临时复本。

如果不为临时文件指定其他位置,Visual FoxPro 将在 Windows 保存临时文件的目录中创建临时文件。可以在 CONFIG.FPW 文件中包含一个或多个 EDITWORK、SORTWORK、PROGWORK 及 TMPFILES 语句指定不同的目录。

指定临时文件位置的步骤为:

(1) 单击"工具"菜单→"选项"命令,弹出"选项"对话框。

(2) 在"选项"对话框中,选择"文件位置"选项卡,选中"临时文件"后,单击"修改"按钮,如图 1-12 所示。

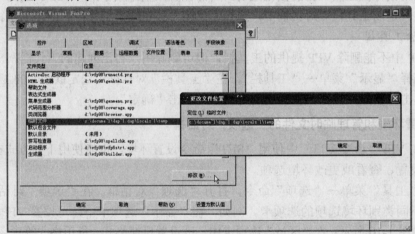

图 1-12　输入临时文件的位置

(3) 在打开的"更改文件位置"对话框中,输入临时文件的位置,单击"确定"按钮。

(4) 若要永久保存所做的更改,单击"设置为默认值"按钮。

7. 设置编辑器选项

在 Visual FoxPro 中,可以配置 Visual FoxPro 编辑器,使之按用户希望的方式显示文本。操作步骤为:

(1) 先用下列方法之一,打开一个编辑器窗口:

● 在"项目管理器"中,选择一个程序或文本文件,然后选择"新建";或者双击现有程序或文本文件的名称。

● 选择"文件"菜单→"新建"命令,然后指定文件类型为"程序"或"文本文件";或者选择"打开",然后选择程序或文本文件名称。

● 在"表单设计器"中,双击一个表单或控件。

● 在"命令"窗口中，输入 MODIFY COMMAND、MODIFY FILE 或 MODIFY MEMO。

(2) 在编辑窗口的任意位置单击鼠标右键，在快捷菜单中选择"属性"，打开"编辑属性"对话框，如图 1-13 所示。

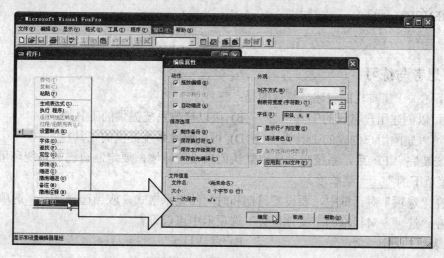

图 1-13　"编辑属性"对话框

默认时，在"编辑属性"对话框中所作设置仅用于当前编辑窗口。例如，如果更改字体，当前窗口全部文本的字体都更改。如果打开另外一个编辑窗口或关闭当前窗口再重新打开一次，仍将使用原来的默认字体。

可以永久地保存用户的设置，或者将它们用于所有相似类型的文件。如果选择对相似文件类型的应用选项，在打开具有同样扩展名的文件时(例如，所有 .PRG 文件或所有表单设计器的方法程序代码)，在"编辑属性"对话框中，选中"应用到 .PRG 文件"或"应用到 .TXT 文件"复选框。

(3) 单击"确定"按钮。

8. 恢复 Visual FoxPro 环境

如果希望关闭所有操作返回 Visual FoxPro 启动时的状态，在命令窗口或在退出 Visual FoxPro 之前最后调用的程序中，按顺序运行如下命令：

　　　CLEAR　ALL
　　　CLOSE　ALL
　　　CLEAR　PROGRAM

【说明】

(1) CLEAR ALL 表示从内存中移去所有对象，按顺序关闭所有私有数据工作期以及其中的临时表。

(2) CLOSE ALL 表示关闭 Visual FoxPro 默认数据工作期，即数据工作期 1 中的所有数据库、表以及临时表。

(3) CLEAR PROGRAM 表示清除最近执行程序的程序缓冲区。该命令迫使 VFP 从磁盘而不是从程序缓冲区中读取文件。

(4) 如果事务正在执行过程中，应在执行 CLEAR ALL、CLOSE ALL 以及 CLEAR

PROGRAM 之前对每一层事务使用 END TRANSACTION 命令。

(5) 如果在缓冲式更新的过程中进行清理，应在执行 CLEAR ALL、CLOSE ALL 以及 CLEAR PROGRAM 之前，对每一个有缓冲式更新的临时表使用 TABLEUPDATE()或 TABLEREVERT( )函数。

思考与练习

1. 下述关于工具栏的叙述，错误的是：

A) 可以创建用户自己的工具栏　　　B) 可以修改系统提供的工具栏

C) 可以删除用户创建的工具栏　　　D) 可以删除系统提供的工具栏

2. 安装完 VFP 后，系统自动使用默认值来设置环境，要定制自己的系统环境应选择 _____菜单下的_____菜单项。

3. 在"选项"对话框中，要设置日期和时间的显示格式，应当选择_____选项卡。

4. 在"选项"对话框的"文件位置"选项卡中可以设置

A) 表单的默认大小　　　　　　　　B) 默认目录

C) 日期和时间的显示格式　　　　　D) 程序代码的颜色

5. 如果需要创建一个自己的工具栏，该如何操作？

6. 如何设置文件的默认保存位置？

技能训练

启动 Visual FoxPro，进行下面操作。

(1) 在命令窗口输入命令：

  DIR

按〈Enter〉键后，系统将在 Visual FoxPro 主窗口显示默认文件夹中所有数据表文件(.DBF) 的列表。

(2) 在命令窗口中输入命令：

  a = 3　　　↵

  b = 2 ↵

  ? a * b　　　↵

其中"↵"表示在键盘上按〈Enter〉键，系统将在 Visual FoxPro 主窗口显示计算结果为 6。

(3) 在命令窗口输入命令：

  clear　　　↵

系统清除 Visual FoxPro 主窗口中的所有输出内容。

第 2 章　Visual FoxPro 编程基础

Visual FoxPro 将过程化程序设计与面向对象程序设计结合在一起，帮助用户创建出功能强大、灵活多变的应用程序。从概念上讲，程序设计就是为了完成某一具体任务而编写的一系列指令；从深层次来看，Visual FoxPro 程序设计涉及到对存储数据的操作。

Visual FoxPro 6.0 与其他高级语言类似，提供了多种数据类型，可以将这些数据类型的数据存储于表、数组、变量和其他数据容器中；用户还可以使用各种操作符组成的表达式，以及丰富的函数和各种命令，来发挥和开发 Visual FoxPro 6.0 的更多功能。

本章学习编程的一些基础知识，为深入编程打好基础。具体内容包括：

(1) VFP 中的数据类型。

(2) 常量和变量的表示方法。

(3) VFP 中的运算符和表达式。

(4) 可视化编程的基本概念。

(5) VFP 的常用控件和对象。

任务 2.1　Visual FoxPro 语言基础

任务导入

我们学习 VFP 的目的是为了通过编写程序来管理数据，并通过编程解决某些计算和数据处理方面的问题。我们知道，在数学上对问题的描述，是通过公式或函数进行的，而公式或函数又是通过常数或变量来表示的。在 VFP 中，要对公式或函数进行计算时，这些量必须以某种形式暂时存放在计算机中的某个位置。那么，常数和变量是以什么形式存在的呢？在 VFP 编程中如何表示这些数据呢？

本任务主要学习 VFP 中的数据类型、常量与变量、表达式、函数等。

学习目标

(1) 理解数据类型的基本含义，掌握 VFP 基本数据类型的表示方法。

(2) 理解常量和变量的概念，掌握变量的命名规则。

(3) 会正确书写 VFP 表达式，会正确计算常用表达式的值。

(4) 了解函数的作用和分类。

任务实施

1. 数据的分类

数据是计算机程序处理的对象，也是运算产生的结果。可以从各种不同的角度对数据进行分类。

从数据的类型来分，数据分为：数值型数据、字符型数据、逻辑型数据等。

从数据的处理层次上分，数据分为：常量、变量、函数和表达式。

2. 数据类型

在 Visual FoxPro 6.0 中所有的数据都具有类型，类型是对允许值和值的范围的说明。一旦为数据指明了类型，这些数据便能够被存储，能够通过数据变量和数组对数据进行处理。

数据类型决定了数据的存储方式和使用方式。例如，两个实数可以做乘法运算，但两个字符型数据不能做乘法运算。同理，字符可以用大写方式打印，而数字就不存在大小写的问题。

对数据进行操作的时候，只有同类型的数据才能进行操作，若对不同类型的数据进行操作，将被系统判为语法出错。

与其他程序设计语言一样，Visual FoxPro 提供了多种数据类型。

1) 字符型(Character)

由字母(汉字)、数字、空格等任意 ASCII 码字符组成。字符数据的长度为 0～254，每个字符占 1 个字节。

2) 货币型(Currency)

在使用货币值时，可以使用货币型来代替数值型。货币型数据取值的范围是 -922 337 203 685 477.5807～922 337 203 685 477.5807。

小数位数超过 4 位时，系统将其四舍五入。每个货币型数据占 8 个字节。

3) 日期型(Date)

用以保存不带时间的日期值。日期型数据的存储格式为"yyyymmdd"，其中 yyyy 为年，占 4 位，mm 为月，占 2 位，dd 为日，占 2 位。

日期型数据的表示有多种格式，最常用的格式为 mm/dd/yyyy。

日期型数据的取值范围是公元 0001 年 1 月 1 日～公元 9999 年 12 月 31 日。

4) 日期时间型(DateTime)

用以保存日期和时间值。日期时间型数据的存储格式为"yyyymmddhhmmss"其中 yyyy 为年，占 4 位，mm 为月，占 2 位，dd 为日，占 2 位，hh 为时间中的小时，占 2 位，mm 为时间中的分钟，占 2 位，ss 为时间中的秒，占 2 位。

5) 逻辑型(Logical)

用于存储只有两个值的数据。存入的值只有真(.T.)和假(.F.)两种状态，占 1 个字节。

6) 数值型(Numeric)

用来表示数量，它由数字 0～9、一个符号(+或-)和一个小数点(.)组成。数值型数据的长度为 1～20，每个数据占 8 个字节。

数值型数据的取值范围是 –9999999999E+19～.9999999999E+20。

7) 双精度型(Double)

用于取代数值型数据，以便提供更高的数值精度。双精度型只能用于数据表中字段的定义，它采用固定存储长度的浮点数形式。与数值型不同，双精度型数据的小数点的位置是由输入的数据值来决定的。双精度型数值的取值范围是 +/–4.940 656 458 412 47E –324～+/–8.988 465 674 311 5E307。

每个双精度型数据占 8 个字节。

8) 浮点型(Float)

只能用于数据表中字段的定义，包含此类型是为了提供兼容性，浮点型在功能上与数值型等价。

9) 通用型(General)

用于存储 OLE 对象，只能用于数据表中字段的定义。该字段包含了对 OLE 对象的引用，而 OLE 对象的具体内容可以是一个电子表格、一个字处理器的文本、图片等，是由其他应用软件建立的。

10) 整型(Integer)

用于存储无小数部分的数值，只能用于数据表中字段的定义。在数据表中，整型字段占 4 个字节，取值范围是 –2 147 483 647～2 147 483 647。

整型以二进制形式存储，不像数值型那样需要转换成 ASCII 字符才能存储。

11) 备注型(Memo)

备注型用于字符型数据块的存储，只能用于数据表中字段的定义。在数据表中，备注型字段占 10 个字节，并用这 10 个字节来引用备注的实际内容。实际备注内容的多少只受可用内存空间的限制。

备注型字段的实际内容变化很大，不能直接将备注内容存放在数据表(.DBF)文件中。系统将备注内容存放在一个相对独立的文件中，该文件的扩展名为 .DBT。

由于 VFP 中没有备注型变量，所以当要对备注型字段进行处理时，可将其转换成字符型变量，然后使用字符型函数进行处理。

12) 字符型(二进制)

用于存储任意不经过代码页修改而维护的字符数据，只能用于数据表中字段的定义。

13) 备注型(二进制)

用于存储任意不经过代码页修改而维护的备注型数据，只能用于数据表中字段的定义。

3. 常量

在程序中，不同类型的数据既可以常量的形式出现，也可以变量的形式出现。常量是在程序执行期间其值不发生变化的量。

常量是一个命名的数据项，在整个操作过程中其值保持不变。如 π 值或 3.14 是数值型常量。

Visual FoxPro 6.0 定义了以下类型的常量：

(1) 数值型常量，如 2，13.4，–5；

(2) 字符型常量，用单引号或双引号括起来的字符串，如 'Hello'，"A+B="；

(3) 逻辑型常量，只有 .T. 和 .F. 两种；

(4) 日期型常量和日期时间型常量，如{^2011-09-28}，{^2011-10-09 10:18am}。

4. 变量

1) 变量的概念

变量是指在程序运行过程中其值可以变化的量，它代表内存中指定的存储单元。

在高级语言中，利用变量可以对多个数据进行相同的操作，以简化计算和设计。例如，将一个工人工作的小时数加起来，再乘以每小时工作应付的工资标准，便可知道一个工人应得的报酬。如果对每个工人都进行这样的操作就会非常麻烦，但可以将这些信息保存在变量中，并对变量进行操作，通过运行程序来实现数据的更新。

VFP 有 3 种形式的变量：内存变量、数组变量和字段变量。

(1) 内存变量：存放单个数据的内存单元；

(2) 数组变量：存放多个数据的内存单元组；

(3) 字段变量：存放在数据表中的数据项。

本节所讨论的变量仅指内存变量。

2) 变量名的命名规则

每个变量都有一个名称，叫做变量名，VFP 通过相应的变量名来使用变量。

变量名的命名规则是：变量名由字母、数字及下划线组成，以字母或下划线开头，长度为 1～128 个字符。中文 VFP 中，可以使用汉字作变量名，可以汉字开头，每个汉字占 2 个字符位置。

【提示】不能使用 VFP 的保留字。

【例 2-1】 定义合法的变量名示例。

A	P2	_x	学号	是合法的变量名
2a	IF	XM[a]2	D.BF	是不合法的变量名

3) 变量的作用域

变量的作用域包括定义它的过程范围以及该过程所调用的子过程范围。在 Visual FoxPro 中，还可以使用 LOCAL、PRIVATE 和 PUBLIC 命令强制规定变量的作用范围。

(1) 用 LOCAL 创建的变量只能在创建它们的过程中使用和修改，不能被更高层或更低层的过程访问。

(2) PRIVATE 用于定义私有变量。它用于定义当前过程的变量，并将以前过程中定义的同名变量保存起来，在当前过程中使用私有变量而不影响这些同名变量的原始值。

(3) PUBLIC 用于定义全局变量。在本次 Visual FoxPro 运行期间，所有过程都可以使用这些全局变量。

5. 运算符与表达式的概念

常量、变量及其数据类型构成了处理数据的基础，而对数据的处理最终则要通过操作符、函数和命令来实现。

运算是对数据进行加工的过程，描述各种不同运算的符号称为运算符，运算符是联系数据的纽带，而参与运算的数据称为操作数。

表达式用来表示某个求值规则，它由运算符和配对的圆括号将常量、变量、函数、对象等操作数以合理的形式组合而成。

表达式可用来执行运算、操作字符或测试数据，每个表达式都产生唯一的值。表达式的类型由运算符的类型决定。在 VFP 中有 5 类运算符和表达式：算术运算符和算术表达式、字符串运算符和字符串表达式、日期运算符和日期表达式、关系运算符和关系表达式、逻辑运算符和逻辑表达式。本章先介绍前 3 类，关系运算符和关系表达式、逻辑运算符和逻辑表达式将在第 5 章中作详细介绍。

6. 算术运算符与算术表达式

算术表达式也称数值型表达式，由算术运算符、数值型常量、变量、函数和圆括号组成，其运算结果为一数值。例如，$3*4+(6-2)/2$ 的运算结果为：14.00。

算术表达式的格式为：

〈数值 1〉〈算术运算符 1〉〈数值 2〉[〈算术运算符 2〉〈数值 3〉…]

1) 算术运算符

VFP 提供的算术运算符，见表 2-1。在这 6 个算术运算符中，除取负 "–" 是单目运算符外，其他均为双目运算符。加(+)、减(–)、乘(*)、除(/)、取负(–)、乘方(^或**)运算的含义与数学中基本相同。

表 2-1　算术运算符

运　算　符	名　　称	说明及示例
+	加	同数学中的加法，如 $3+5$
–	减	同数学中的减法，如 $8-2$
*	乘	同数学中的乘法，如 $2*6$
/	除	同数学中的除法，如 $8/4$
^ 或 **	乘方	同数学中的乘方，如 $6\wedge2$ 表示 6^2
%	求余	$26\%3$ 表示 26 除以 3 所得的余数，结果为 2

算术运算符的运算优先级为：$( )$ → ^ 或 ** → * 和 / → % → + 和 –。

2) VFP 表达式的书写规则

VFP 算术表达式与数学中的表达式在写法上有所不同，在书写表达式时应特别注意：

(1) 每个符号占 1 格，所有符号都必须一个一个并排写在同一横线上，不能在右上角或右下角写方次或下标。例如，5^2 要写成 $5\wedge2$，x_1+x_2 要写成 x1 + x2。

(2) 原来在数学表达式中省略的内容必须重新写上。例如，3xy 要写成 $3*x*y$。

(3) 所有括号都用小括号 "( )"，括号必须配对。例如，2[x+5(y+z)]必须写成 $2*(x+5*(y+z))$。

(4) 要把数学表达式中的有些符号，改成 VFP 中可以表示的符号。例如，要把 πr^2 改为 pi * r ^ 2。

【例 2-2】　把下列数学表达式，改写为等价的 VFP 算术表达式。

$$\frac{1+\dfrac{y}{x}}{1-\dfrac{y}{x}}$$ 　　　　改写为：$(1 + y / x) / (1 - y / x)$

$$x^2 + \frac{3xy}{2-y}$$ 　　　　改写为：$x^2 + 3 * x * y / (2 - y)$

7. 字符串运算符与字符串表达式

字符串表达式由字符串常量、字符串变量、字符串函数和字符串运算符组成。它可以是一个简单的字符串常量，也可以是若干个字符串常量或字符串变量的组合。字符串表达式的值为字符串。

VFP 提供的字符运算符有两个(其运算级别相同)，见表 2-2。

表 2-2　字符运算符

运算符	名　称	说　　明
+	连接	将字符型数据进行连接
−	空格移位连接	两字符型数据连接时，将前一数据尾部的空格移到后面数据的尾部

字符串表达式的格式为：

　　〈字符串 1〉〈字符串运算符 1〉〈字符串 2〉[〈字符串运算符 2〉〈字符串 3〉…]

【例 2-3】　字符串表达式示例。

"ab12" + "34xy"	连接后结果为："ab1234xy"
"欢迎来到" − "计算机世界"	连接后结果为："欢迎来到计算机世界"
"abc　12" + "defh　" + "　345　"	连接后结果为："abc　12defh345"
"ABC　" − "DEFG"	连接后结果为："ABCDEFG"

【例 2-4】　在字符串中嵌入引号示例。

如果需要在字符串中嵌入引号，可以将字符串用另一种引号括起来即可。

a = "''"	字符串变量 a 的值为一双引号""
b = "She said: " + a + "I am a student." + a	连接后 b 的值为：She said: "I am a student."

8. 日期时间运算符与日期时间表达式

日期型表达式由算术运算符"+、−"、算术表达式、日期型常量、日期型变量和函数组成。日期型数据是一种特殊的数值型数据，它们之间只能进行加"+"、减"−"运算。有下面 3 种情况：

(1) 两个日期型数据相减，结果是一个数值型数据(两个日期相差的天数)。

(2) 一个表示天数的数值型数据加到日期型数据中，其结果为一日期型数据(向后推算日期)。

(3) 一个表示天数的数值型数据从日期型数据中减掉它，其结果为一日期型数据(向前推算日期)。

VFP 将无效的日期处理成空日期。

【例 2-5】　日期时间表达式示例。

{^2011/09/30} - {^2011/09/28}	结果为数值型数据：2
{^2011/09/04} + 2	结果为日期型数据：{^2011/09/06}
{^2011/11/16} - 3	结果为日期型数据：{^2011/11/13}

9. 关系运算符与关系表达式

关系表达式是指用关系运算符将两个表达式连接起来的式子(例如 x > 0)。关系运算符又称比较运算符，用来对两个表达式的值进行比较，比较的结果是一个逻辑值(.T. 或 .F.)，这个结果就是关系表达式的值。

VFP 提供的关系运算符有 8 种，见表 2-3。

表 2-3　VFP 中的关系运算符

运　算　符	名　　称	示　　　　例
<	小于	2 < 3　值为：.T.
<=	小于或等于	2 + 3 <= 1 + 2　值为：.F.
>	大于	5 > 2 + 3　值为：.F.
>=	大于或等于	"abc" >= "abd"　值为：.F.
=	等于	4 + 3 = 2 + 5　值为：.T.
<>、#、!=	不等于	7 <> 2 + 5　值为：.F.
$	包含于	"AB" $ "ABCD"　值为：.T.
==	等同于	UPPER(NAME)=="SMITH"值为：SMITH

【提示】

(1) 关系运算符两边的表达式只能是数值型、字符串型、日期型，不能是逻辑型的表达式或值。

(2) 关系运算符两侧值或表达式的类型应一致。

(3) 字符型数据按其 ASCII 码值进行比较。在比较两个字符串时，首先比较两个字符串的第一个字符，其中 ASCII 码值较大的字符所在的字符串大。如果第一个字符相同，则比较第二个，……，依此类推。

(4) == 表示"等同于"，用于精确匹配。例如，当使用条件: UPPER(NAME) = "SMITH" 进行查找时，可以找出 SMITHSON、SMITHERS 和 SMITH 的记录，而如果用 = =(等同于)，将得到精确匹配 SMITH 的记录。

10. 逻辑运算符与逻辑表达式

逻辑表达式是指用逻辑运算符连接若干关系表达式或逻辑值而组成的式子，如不等式：$2 \leq x \leq 10$ 可以表示为：2 <= x AND x <= 10。逻辑表达式的值也是一个逻辑值。

VFP 提供的逻辑运算符有以下 3 种，见表 2-4。

表2-4　逻辑运算符

运 算 符	名　称	示　例
NOT	非	NOT (3 < 2)　值为：.T., (由真变假或由假变真，进行取"反"操作)
AND	与	(2 > 3) AND (1 < 2)　值为：.F., (两个表达式的值均为真，结果才为真，否则为假)
OR	或	(2 > 3) OR (1 < 2)　值为：.T., (两个表达式中只要有一个值为真，结果就为真，只有两个表达式的值均 为假，结果才为假)

逻辑运算的运算规则，见表2-5。

表2-5　逻辑运算真值表

a	b	NOT a	a AND b	a OR b
.T.	.T.	.F.	.T.	.T.
.T.	.F.	.F.	.F.	.T.
.F.	.T.	.T.	.F.	.T.
.F.	.F.	.T.	.F.	.F.

【提示】

在早期的版本中，逻辑运算符的两边必须使用点号，如 .NOT.、.AND.、.OR.，在 VFP 中，逻辑运算符两边的点号可以带，也可以不带。

11. 运算符的优先顺序

在一个表达式中进行多种操作时，VFP 会按一定的顺序进行求值，称这个顺序为运算符的优先顺序，见表2-6

表2-6　运算符的优先顺序

优先顺序	运算符类型	运算符	运算符类型	运算符
1	算术运算符	^ (指数运算)	字符串运算符	+、– (字符串连接)
2		– (负数)		
3		*、/ (乘法和除法)		
4		% (求模运算)		
5		+、– (加法和减法)		
6	关系运算符	=、<>、<、>、<=、>=、$、==		
7	逻辑运算符	NOT		
8		AND		
9		OR		

【提示】

(1) 同级运算按照从左到右出现的顺序进行计算。

(2) 可以用括号改变优先顺序，强令表达式的某些部分优先运行。在括号之内，运算符的优先顺序不变。

【例 2-6】　写出 VFP 表达式 $2 + 3 > 1 + 4$ AND NOT $6 < 8$ 的值。

在计算前，先要看清表达式中有哪些运算符，根据运算符的优先级进行计算。本例中应按下面的步骤进行计算。

(1) 算术运算：　　　　　　　　$5 > 5$　AND　NOT $6 < 8$

(2) 关系运算：　　　　　　　　.F.　AND　NOT .T.

(3) 非运算：　　　　　　　　　.F.　AND　.F.

(4) 结果：　　　　　　　　　　.F.

【例 2-7】　根据所给条件，写出 VFP 逻辑表达式。

(1) 一元二次方程 $ax^2 + bx + c = 0$ 有实根的条件为：$a \neq 0$，并且 $b^2 - 4ac \geq 0$。

(2) 闰年的条件是：年号(year)能被 4 整除，但不能被 100 整除；或者能被 400 整除。

分析：

(1) 一元二次方程 $ax^2 + bx + c = 0$ 有实根的条件有两个，即 $a \neq 0$ 和 $b^2 - 4ac \geq 0$。

$a \neq 0$ 用 VFP 表达式表示为 a <> 0；

$b^2 - 4ac \geq 0$ 用 VFP 表达式表示为 b^2 – 4 * a * c >= 0。

两者是逻辑与 AND 的关系，用 AND 连接上面的两个式子，结果为：

$$a <> 0 \text{ AND } b^2 – 4 * a * c >= 0$$

(2) 设变量 y 表示年份，被某个数整除，可以用数值运算符%或 INT( )函数来实现。

能被 4 整除，但不能被 100 整除的表达式为 y % 4 = 0 AND y % 100 <> 0；

能被 400 整除的表达式为 y % 400 = 0。

两者取"或"，即得判断闰年的逻辑表达式：

$$(y \% 4 = 0 \text{ AND } y \% 100 <> 0) \text{ OR } (y \% 400 = 0)$$

用 INT( )函数表示为：

$$(\text{INT}(y / 4) = y / 4 \text{ AND } \text{INT}(y / 100) <> y / 100) \text{ OR } (\text{INT}(y / 400) = y / 400)$$

12. 类与对象运算符

类与对象运算符专门用于实现面向对象的程序设计，见表 2-7。

表 2-7　类与对象运算符

运 算 符	名　　称	说　　明
.	点运算符	确定对象与类的关系，以及属性、事件和方法与其对象的从属关系
::	作用域运算符	用于在子类中调用父类的方法

13. 名表达式

1) VFP 中使用的名

在 VFP 中，许多命令和函数需要提供一个名。可在 VFP 中使用的名有：表/.DBF(文件名)、表/.DBF(别名)、表/.DBF(字段名)、索引文件名、文件名、内存变量和数组名、窗口名、菜单名、表单名、对象名、属性名等。

2) 定义名的原则

在 VFP 中定义一个名时，应遵循以下原则：

(1) 只能由字母、数字和下划线字符组成。

(2) 以字母或下划线开头。

(3) 长度为 1～128 个字符，但自由表中的字段名、索引标记名最多为 10 个字符。文件名按操作系统的规定定义。

(4) 不能使用 VFP 的保留字。

名不是变量或字段，但是可以定义一个名表达式，以代替同名的变量或字段的值。

名表达式为 VFP 的命令和函数提供了灵活性。将名存放到变量或数组元素中，就可以在命令或函数中用变量来代替该名，只要将存放一个名的变量或数组元素用一对括号括起来。

【例 2-8】　名表达式示例。

　　　　x = "name"　　　　　　　　　　&&　将字段名 name 存放在变量 x 中
　　　　REPLACE　(x)　WITH　"ZhangSan"　　&&　用"ZhangSan"替换字段 name 中的值

在使用 REPLACE 命令时，名表达式(x)将用字段名代替变量，这种方法称为间接引用。

14. 函数

函数是一种特定的运算，在程序中要使用一个函数时，只要给出函数名并给出一个或多个参数，就能得到它的函数值。

VFP 的函数有两种，即系统函数和用户定义函数。

(1) 系统函数：是由 VFP 提供的内部函数，用户可以随时调用。

(2) 用户定义函数：由用户根据需要自行编写。

VFP 提供的系统函数大约有 380 多个，主要分为：数值函数、字符处理函数、表和数据库函数、日期时间函数、类型转换函数、测试函数、菜单函数、窗口函数、数组函数、SQL 查询函数、位运算函数、对象特征函数、文件管理函数以及系统调用函数等 14 类。

附录中列出了常用的系统函数。读者还可以通过查阅"帮助"中的"语言参考"了解函数参数的类型、函数返回值的类型以及函数的使用方法。

思考与练习

1. 在下面的数据类型中默认值为 .F. 的是＿＿＿＿＿。

A) 数值型　　　　　　　　　　　B) 字符型

C) 逻辑型　　　　　　　　　　　D) 日期型

2. 在 VFP 中，下列数据＿＿＿＿是变量；＿＿＿＿是常量，是＿＿＿＿类型的常量？

(1) name　　　　　　　　　　　(2) "name"

(3) .F.　　　　　　　　　　　　(4) 12.345

(5) "2007/11/16"　　　　　　　(6) cj

(7) "120"　　　　　　　　　　　(8) {^2007/11/16}

3. 下列符号_____是 VFP 中的合法变量名？

A) AB7 　　　　　 B) 7AB 　　　　　 C) IF 　　　　　 D) A[B]7

4. 表达式 2 * 3^2 + 2 * 8 / 4 + 3^2 的值为_____。

5. VFP 表达式 a / (b + c / (d + e / SQRT(f))) 的数学表达式是_____。

6. 设 A=7，B=3，C=4，表达式 A%3+B^3/C 和 A/2*3/2 的值分别是_____和_____。

7. 写出下列表达式的值，其中"□"表示空格符。

(1) (2 + 8 * 3)/ 2 　　　　　　　　 (2) 3^2 + 8

(3) {^2007/11/22} - 10 　　　　　　 (4) "ZYX□" + "123□□" – "ABC"

10. 设 A = 7，B = 3，C = 4，求下列表达式的值。

(1) A + 3 * C 　　　　　　　　　 (2) A^2 / 6

(3) A / 2 * 3 / 2 　　　　　　　　 (4) A % 3 +B^3 / C

8. 写出下列表达式的值。

(1) 2 * 4 >= 9 　　　　　　　　　 (2) "BCDX" < "BCE"

(3) "12345" <> "12345" + "AB" 　　 (4) NOT 3 * 7 <> 21

(5) 4 = 4 AND 5 > 2 + 3 　　　　　 (6) 8 <> 5 OR NOT 10 > 12 + 3

10. 写出下列命题的逻辑表达式。

(1) n 是 m 的倍数 　　　　　　　 (2) n 是小于正整数 k 的偶数

(3) x，y 其中有一个小于 z 　　　 (4) x，y 都小于 z

11. 征兵的条件是：男性(sex)，年龄(age)在 18～20 岁之间，身高(size)在 1.65 m 以上；或者女性(sex)年龄(age)在 16～18 岁之间，身高(size)在 1.60 m 以上。其逻辑表达式为_____。

12. 招收保育员的条件为：已婚(married)，年龄(age)在 26 岁以上，相关工作经验(workingage)3 年以上。其逻辑表达式为_____。

13. 如果 x 是一个正实数，对 x 的第 3 位小数四舍五入的表达式是_____。

任务 2.2　可视化编程的基本概念

任务导入

VFP 是基于 Windows 系统的数据库开发和管理平台，它采用的是面向对象、事件驱动编程机制，程序员只需编写响应用户动作的程序，如移动鼠标、单击事件等，就可以轻松完成编程任务。另外，使用 VFP 提供的多种"控件"可以快速创建强大的应用程序界面。

在进行面向对象的程序设计前，需要先理解几个基本的概念。这些概念是进行程序设计前所需要事先掌握的核心概念。本任务将学习对象、属性、方法、事件等基本概念。

学习目标

(1) 理解对象、属性、方法的基本概念。

(2) 理解事件、事件过程、事件驱动程序等概念。

(3) 了解事件与方法的程序调用过程。

任务实施

1. 对象

可以把对象(Object)想象成日常生活中的各种物体，例如一只气球、一本书、一把椅子、一台电脑等都是对象。

以电脑来说，电脑本身是一个对象，而电脑又可以拆分为主板、CPU、内存、外设等部件，这些部件又都分别是对象，因此电脑对象可以说是由多个"子"对象组成的，即是一个容器(Container)对象。

与电脑的概念类似，在可视化编程中，对象是应用程序的基本元素，常见的对象有：表单、文本框、列表框等。在程序设计的过程中，这些对象就是程序的主角。

从可视化编程的角度来看，对象是一个具有属性(数据)和方法(行为方式)的实体。一个对象建立以后，其操作就通过与该对象有关的属性、事件和方法来描述。

2. 对象的属性

每个对象都有其特征，在计算机程序语言中叫做属性(Property)。如小孩玩的气球，与它相关的属性(数据)有直径、颜色、状态(充气或未充气)等，还有一些不可见的属性，如寿命等。当然，所有气球都具有这些属性，同时这些属性也会因气球的不同而不同。记录这些属性(数据)的地方叫做属性栏。属性栏中记录的属性(数据)叫做属性值。

在可视化编程中，每一种对象都有一组特定的属性。常见的属性有标题(Caption)、名称(Name)、背景色(BackColor)、字体大小(FontSize)、是否可见(Visible)等。通过修改或设置某些属性便能有效地控制对象的外观和操作。

设置对象属性可用下面两种方式：

(1) 在程序设计时使用属性窗口。

在属性窗口中，选中要修改的属性，然后在输入框中键入新值即可。这种方法简单明了，每当选择一个属性时，在属性窗口下部就显示该属性的简短提示，它的缺点是不能设置所有需要的属性。

(2) 在程序运行中使用 VFP 赋值语句。

在程序代码中通过编程设置，格式为：

    表单名.对象名.属性名 = 属性值

3. 方法

对象中除属性之外，还包含一些控制对象的动作或功能。以气球为例，假设气球这个对象有 3 个动作，分别是充气(用氢气充满气球)、放气(排出气球中的气体)、上升(放手让气球飞走)。这 3 个动作都是气球这个对象所提供的功能，以程序设计术语来说，就是对象所提供的方法(Method)。

VFP 的方法用于完成某种特定功能。VFP 的方法也属于对象的内部函数，如添加对象

(AddObject)方法、绘制矩形(Box)方法、释放表单(Release)方法等。方法被"封装"在对象之中，不同的对象具有不同的内部方法。VFP 提供了百余个内部方法供不同的对象调用。

4. 事件

对于对象而言，事件(Event)就是发生在该对象上的事情。比如一个吹大的气球，用针扎它一下，该对象就会进行放气动作，则"针扎"就是一个事件。

VFP 中提供了许多对象，让用户运用它们来设计应用程序。例如，按钮是一个对象。在按钮对象上最常发生的事就是"按一下"，这个"按一下"就是按钮对象的一个事件。在按钮上面用鼠标按一下，在 Windows 环境下中称为"单击"，于是我们说按钮会有一个单击(Click)事件。

除了单击事件外，VFP 中还有双击(DblClick)事件、装载(Load)事件、鼠标移动(MouseMove)事件等。不同的对象能够识别不同的事件，这就像老师可以批评学生，却不能去批评桌椅一样，因为桌椅不能识别"批评"这种事件的发生。

5. 事件过程

当在对象上发生了某个事件后，我们必须想办法处理这个事件，处理的步骤就是事件过程(Event Procedure)。以气球为例，发生了"针扎"事件后，我们可能是进行粘补或丢弃，不论是粘补还是丢弃，都是针对"针扎"事件的处理步骤，也就是事件过程。

事件过程是针对事件而来的，而事件过程中的处理步骤在 VFP 程序设计中就是程序代码。换句话说，VFP 程序设计者的主要工作，就是为对象编写事件过程中的程序代码。

在每一个 VFP 提供的对象上面，都已经设定了该对象可能发生的每一个事件，而每一个事件都会有一个对应的空事件过程(也就是还没有规定的如何处理该事件的空程序)。在写程序时，并不需要把对象所有的事件过程填满，只要填入需要的部分就可以了。当对象发生了某一事件，而该事件所对应的事件过程中没有程序代码(也就是没有规定处理步骤)时，则表明程序对该事件"不予理会"，也就是不处理该事件，这样不会对程序造成影响，VFP会将事件交由预先设定的处理方式来做，只是在 VFP 程序中看不到而已。

6. 事件驱动程序设计

写完程序后开始执行时，程序会先等待某个事件的发生，然后再去执行处理此事件的事件过程。事件过程要经过事件的触发后才会被执行，这种动作模式就称为事件驱动程序设计(Event Driven Programming Model)，也就是说，由事件控制整个程序的执行流程。

当事件过程处理完某一事件后，程序就会进入等待状态，直到下一个事件发生为止。简单地说，VFP 程序的执行步骤为：

(1) 等待事件的发生；

(2) 事件发生时，执行相对应的事件过程；

(3) 重复步骤(1)。

如此周而复始地执行，直到程序结束，这就是事件驱动程序设计。

7. 事件与方法的程序调用

事件过程由事件的激发而调用其代码，也可以在运行中由程序调用其代码，而方法的代码只能在运行中由程序调用。

在程序中调用事件代码的格式是：

　　　表单名.对象名.事件名

在程序中调用对象方法的格式是：

　　　[[〈变量名〉] =]〈表单名〉.〈对象名〉.〈方法名〉( )

思考与练习

1. 什么是对象？什么是对象的属性、事件和方法？
2. 对象、事件和方法三者之间的关系如何？请举例说明。
3. 现实世界中的每一个事物都是一个对象，对象所具有的固有特征称为_____。
4. 对象的_____就是对象可以执行的动作或它的行为。

任务 2.3　VFP 的控件与对象

任务导入

　　在可视环境下，以最快的速度和效率开发具有良好用户界面的应用程序，是 Visual FoxPro 6.0 的最大特点，这其实就是利用 VFP 所提供的图形构件快速构造应用程序的输入输出屏幕界面。

　　控件(Control)是某种图形构件的统称，如"标签控件"、"文本框控件"、"列表框控件"等，构造应用程序界面的具体方法就是利用控件创建对象。本任务学习 VFP 常用控件的建立。

学习目标

(1) 了解 VFP 常用控件，会建立简单表单。
(2) 了解对象的包容层次和对象的引用方法。

任务实施

1. Visual FoxPro 6.0 的常用控件

Visual FoxPro 6.0 的常用控件有 21 个，每个控件用"表单控件"工具栏中的一个图形按钮表示，例如：

　　A表示标签(Label)控件，通过它可以创建一个标签对象，用于保存不希望用户改动的文本，如复选框上面或图形下面的标题；

　　abl表示文本框(Text Box)控件，创建用于单行数据输入的文本框对象，用户可以在其中输入或更改单行文本数据。

其他常用控件将在以后各章节的学习过程中进行讲述。

2. VFP 的内部对象

VFP 还提供了一些内部对象，如表单对象、表单集对象、页对象和工具栏对象等。

内部对象一般是可以直接被使用的，但某些对象是要在建立某对象之后才能被使用。例如：分隔符(Separator)对象可以直接加入到一个工具栏(ToolBar)对象中当间隔；页(Page)对象只有在建立一个页框(PageFrame)对象之后才能使用；列(Column)对象和列表头(Header)对象都是在建立一个表格(Grid)对象之后才能被使用。

3. 表单对象的结构

表单(Form)是应用程序的用户界面，也是进行程序设计的基础。各种图形、图像、数据等都是通过表单或表单中的对象显示出来的，因此表单是一个容器对象。

VFP 的表单具有和 Windows 应用程序的窗口界面相同的结构特征。一个典型的表单有图标、标题、最小化按钮、最大化按钮、关闭按钮、移动栏、表单体及其周围的边框，如图 2-1 所示，其中除了表单体之外的所有特征都可以部分或全部从表单中被删除。例如，可以创建一个没有标题的表单，如图 2-2 所示。

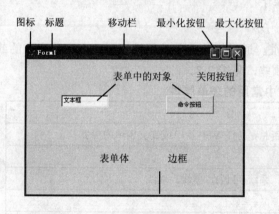
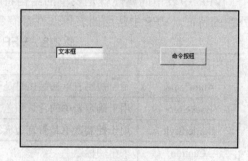

图 2-1　表单的结构　　　　　　　　　　　　图 2-2　没有标题的表单

表单的移动栏用来将表单移放到屏幕的任何位置，如图 2-3 所示。

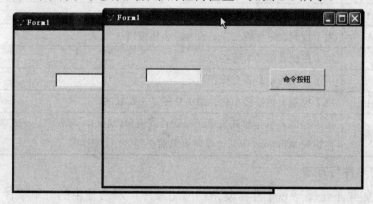

图 2-3　表单的移动

表单的可调边框用在程序设计或程序运行时调整表单的大小，如图 2-4 所示。

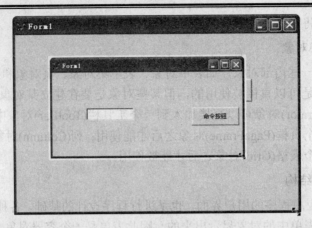

图 2-4　调整表单的大小

单击图标便可以打开表单的控制菜单。控制菜单中的选项与标题栏中的相应按钮功能相同。

表单体是表单的主体部分，用来容纳应用程序所必需的任何控件。本书下文所述的在表单上画控件等操作，均指在表单体中的操作。

4. 表单的常用属性

VFP 中表单的属性就是表单的结构特征。通过修改表单的属性可以改变表单内在的或外在的特征。VFP 中常用的表单属性都有哪些，见表 2-8。

表 2-8　VFP 中常用的表单属性

属 性 名	作 用
AutoCenter	用于控制表单初始化时是否总是位于 VFP 窗口或其父表单的中央
BackColor	用于确定表单的背景颜色
BorderStyle	用于控制表单是否有边框：系统(可调)、单线、双线
Caption	表单的标题
Closable	用于控制表单标题栏中的关闭按钮是否能用
ControlBox	用于控制表单标题栏中是否有控制按钮
MaxButton	用于控制表单标题栏中是否有最大化按钮
MinButton	用于控制表单标题栏中是否有最小化按钮
Movable	用于控制表单是否可移动
TitleBar	用于控制表单是否有标题栏
WindowState	用于控制表单是最小化、最大化还是正常状态
WindowType	用于控制表单是模式表单还是无模式表单(默认)，若表单是模式表单，则用户在访问 Windows 中其他任何对象前必须关闭该表单

5. 表单的事件与方法

实际上，如果不是编写一个非常复杂的应用程序，经常使用的表单事件与方法只有较少的一部分，很多事件与方法很少使用。在代码窗口的"过程"下拉列表框中，可以看到所有表单事件与方法的列表，也可以在"属性"窗口的"方法程序"选项卡中看到所有表单的事件与方法列表，如图 2-5 所示。

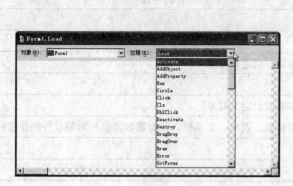

图 2-5　表单的事件与方法列表

Visual FoxPro 6.0 中常用的表单事件见表 2-9。

表 2-9　Visual FoxPro 6.0 中常用的表单事件

事　件	含　义	说　明
Load 事件	当表单被装入内存时发生	事件被激发的顺序为 Load、Init、Activate
Init 事件	当表单被初始化时发生	
Activate 事件	当表单被激活时发生	
Destroy 事件	当表单被释放时发生	事件被激发的顺序为 Unload、Destroy
Unload 事件	当表单被关闭时发生	
Resize 事件	当用户或程序改变表单的大小时发生	

Visual FoxPro 6.0 中常用的表单方法见表 2-10。

表 2-10　Visual FoxPro 6.0 中常用的表单方法

方　法	含　义
Hide 方法	隐藏表单
Show 方法	显示表单
Release 方法	释放表单
Refresh 方法	刷新表单

6. 对象的包容层次

VFP 中的对象根据它们所基于的类的性质可分为两类：容器类对象和控件类对象。

(1) 容器类对象：可以包含其他对象，并且允许访问这些对象，例如表单集、表单、表格等。

(2) 控件类对象：只能包含在容器对象之中，而不能包含其他对象，例如命令按钮、复选框等。

容器类对象所能包含的对象，见表 2-11。

表 2-11　容器类对象所能包含的对象

容　　器	可以包含的对象
命令按钮组	命令按钮
容器	任意控件
自定义	任意控件、页框、容器、自定义对象
表单集	表单、工具栏
表单	任意控件、页框、容器或自定义对象
表格列	标头对象以及除了表单集、表单、工具栏、计时器和其他列对象以外的任意对象
表格	表格列
选项按钮组	选项按钮
页框	页面
页面	任意控件、容器和自定义对象
工具栏	任意控件、页框和容器

当一个容器包含一个对象时，称该对象是容器的子对象，而容器则称为该对象的父对象。所以，容器对象可以作为其他对象的父对象，例如，一个表单作为容器，是放在其上的复选框的父对象；控件对象可以包含在容器中，但不能作为其他对象的父对象，例如，复选框就不能包含其他任何对象。

7. 对象的引用

作为应用程序的用户界面，表单上可以包含许多对象，而这些对象又有可能具有互相包含的层次关系。若要引用一个对象，需要知道它相对于容器层次的关系。例如，如果要在表单集中处理一个表单的控件，则需要引用表单集、表单和控件。

在容器层次中引用对象恰似于给 Visual FoxPro 提供这个对象地址。例如，当你给一个外乡人讲述一个房子的位置时，需要根据其距离远近，指明这幢房子所在的城市、街道，甚至这幢房子的门牌号码，否则将引起混淆。

1) 绝对引用

通过提供对象的完整容器层次来引用对象称为绝对引用。

如图 2-6 所示，表示了一种可能的容器嵌套方式。

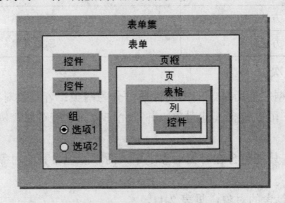

图 2-6　嵌套容器

【例 2-9】　绝对引用示例。

若要使表列中的控件无效，需要提供以下地址：

　　　Formset.Form.PageFrame.Page.Grid.Column.Control.Enabled = .F.

应用程序对象(_VFP)的 ActiveForm 属性允许在不知道表单名的情况下处理活动表单。

【例 2-10】　改变活动表单的背景颜色，而不考虑其所属的表单集。

　　　_VFP.ActiveForm.BackColor = RGB(230,150,255)

【例 2-11】　利用 ActiveControl 属性处理活动表单的活动控件。

　　　Name1 = _VFP.ActiveForm.ActiveControl.Name

2) 相对引用

在容器层次中引用对象时，可以通过快捷方式指明所要处理的对象，即相对引用。

【例 2-12】　相对引用示例。将本表单集的名为 Frm1 的表单中的 Cmd1 对象的标题(Caption)属性设为"取消"。

　　　THISFORMSET.Frm1.Cmd1.Caption = "取消"

此引用可以出现在该表单集的任意表单中任意对象的事件或方法程序代码中。

【例 2-13】　将本表单的名为 Cmd1 对象的标题(Caption)属性设为"取消"。

　　　THISFORM.Cmd1.Caption = "取消"

此引用可以出现在该 Cmd1 所在表单任意对象的事件或方法程序代码中。

【例 2-14】　对于需要改变标题的控件，将本对象的标题(Caption)属性设为"取消"。

　　　THIS.Caption = "取消"

此引用可以出现在该对象事件或方法程序代码中。

【例 2-15】　将本对象的父对象的背景色设置为暗红色。

　　　THIS.Parent.BackColor = RGB(192,0,0)

此引用可以出现在该对象的事件或方法程序代码中。

表 2-12 列出了一些引用对象的属性和关键字，使用这些属性和关键字可以更方便地从对象层次中引用对象。其中，THIS、THISFORM 和 THISFORMSET 只能在方法程序或事件过程中使用。

表 2-12　引用对象的属性和关键字

属性或关键字	引用
ActiveControl	当前活动表单中具有焦点的控件
ActiveForm	当前活动表单
ActivePage	当前活动表单中的活动页
Parent	该对象的直接容器
THIS	该对象
THISFORM	包含该对象的表单
THISFORMSET	包含该对象的表单集

思考与练习

1. VFP 的常用控件有哪些？

2. 表单的一般结构是什么？试着创建一个简单的表单。

3. 表单的常用属性有哪些？

4. VFP 中的容器类对象有哪些？容器类对象中一般可以包括哪几个对象？

5. 在对象的引用中，什么是绝对引用？什么是相对引用？

技能训练

1. VFP 的 6 种类型变量

(1) 启动 VFP，在命令窗口中依次键入下面的命令，并按〈Enter〉键，如图 2-7 所示，观察数值型变量及其值：

a = 3.1415926 ↵

b = −4.51E−2 ↵

? a, b ↵

图 2-7　数值型变量及其值

(2) 在命令窗口中输入如下命令，如图 2-8 所示，观察字符型变量及其值：

d = '数据库应用' ↵

e = [Visual Foxpro] ↵

f = "单价：'245.78'" ↵

? d, e, f ↵

? d　　　↵

? e　　　↵

? f　　　↵

图 2-8　字符型变量及其值

(3) 在命令窗口中输入如下命令，观察逻辑型变量及其值：

```
g = .F.          ↵
h = .t.          ↵
? g, h           ↵
```

(4) 在命令窗口中输入如下命令，观察日期型变量及其值：

```
i = {^2005-6-25} ↵
? i              ↵
```

(5) 在命令窗口中输入如下命令，观察日期时间型变量及其值：

```
j = {^2005-6-28 10: 00:00am}    ↵
? j              ↵
```

(6) 在命令窗口中输入如下命令，观察货币型变量及其值：

```
k = $123.45678   ↵
? k              ↵
```

2. VFP 的表达式与值

(1) 在命令窗口中输入如下命令，观察算术表达式及其值：

```
? 50 * 2 + ( 70 - 6 ) / 8       ↵
```

(2) 在命令窗口中输入如下命令，观察字符串表达式及其值：

```
? "123   45" + "abcd   " + "   xyz   "       ↵
? "计算机    " - "世界"           ↵
```

(3) 在命令窗口中输入如下命令，观察日期时间表达式及其值：

```
? {^2011/12/19} – {^2011/10/19}
? {^2011/10/19} + 10            ↵
? {^2011/10/19} – 10            ↵
```

3. 常用函数

(1) 在命令窗口中输入如下命令，观察数学函数的计算结果：

```
? sin(0.70710678), cos(3.1415926/4), sqrt(14)              ↵
? abs(-25.4), int(8.3), int(-8.3), round(12.647,2), round(12.647,-1)      ↵
? exp(5), log(20)               ↵
```

(2) 在命令窗口中输入如下命令，观察字符串函数的计算结果：

```
ctest1 = "Visual FoxPro 6 is DataBase Management system"       ↵
```

下述代码将 ctest1 中的 system 换成 System：

```
ctest2 = left(ctest1,39) + upper(substr(ctest1,40,1)) + right(ctest1,5)       ↵
? ctest1         ↵
? ctest2         ↵
```

(3) 在命令窗口中输入如下命令，观察日期函数的计算结果。

下述代码给出当前时间的年、月、日和星期几：

```
? year(date())   ↵
? month(date())  ↵
```

```
? day(date())
? dow(date())
```

(4) 在命令窗口中输入如下命令，观察类型转换函数的计算结果。

下述代码同样可将 ctest1 中的 system 换成 System：

```
ctest3 = left(ctest1,39) + chr(asc(substr(ctest1,40,1))-32) + right(ctest1,5)
```

下述代码以字符串的形式显示两个月后的年月日：

```
yy = year(date())
mm = month(date())
dd = day(date())
? str(yy) + "年" + alltrim(str(mod(mm+2,12))) + "月" + alltrim(str(dd)) + "日"
```

第 3 章　VFP 编程工具与编程步骤

　　VFP 提供了面向对象程序设计的强大功能。程序设计人员在进行面向对象的程序设计时，只需考虑如何创建对象，如何使可视的"对象"响应用户的动作。也就是说，只需建立若干"对象"以及相关的程序，这些程序便可以由用户启动的事件来激发。为了实现这种可视化编程，VFP 提供了一系列的可视化编程工具。

　　本章主要介绍基本的编程工具和可视化编程的一般步骤。主要内容包括：

　　(1) 项目管理器的建立和使用。

　　(2) 表单设计器的使用方法。

　　(3) 可视化编程的一般步骤。

任务 3.1　项目管理器

任务导入

　　在 VFP 中，项目文件是数据、程序、文档及 Visual FoxPro 6.0 对象的集合，利用项目管理器可以提高软件开发和维护的效率。

　　项目管理器是按一定顺序和逻辑关系对应用系统的文件进行有效组织的工具。在项目管理器中，可以方便地对数据库和数据表进行管理，有效地组织数据库、数据表、表单、菜单、类、程序和其他文件。本任务学习项目管理器的使用方法。

学习目标

　　(1) 会建立项目文件。

　　(2) 会查找数据文件、表单和报表文件。

　　(3) 会使用项目管理器管理文件。

任务实施

1. 建立项目文件

建立项目管理器就是建立项目文件。选择"文件"菜单→"新建"命令，可以随时创建项目文件。建立新项目的步骤为：

(1) 选择"文件"菜单→"新建"命令，或者单击常用工具栏上的"新建"按钮 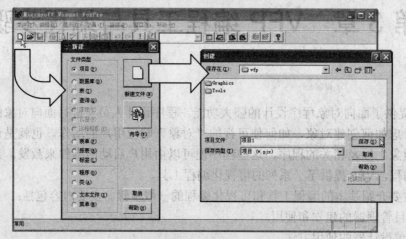，打开"新建"对话框，如图 3-1 所示。

图 3-1　建立项目文件

(2) 在"新建"对话框中，选中"项目"单选项，单击选择"新建文件"按钮 ，此时将打开"创建"对话框。

(3) 在"创建"对话框中，输入新项目的名称，例如"项目 1"(首次系统默认值为"项目 1")。在"保存在"下拉列表框中选择保存新项目的文件夹，例如 d:\vfp，然后单击"保存"按钮。

(4) 此时进入"项目管理器"窗口，如图 3-2 所示，这时空的"项目 1"项目文件已建成。

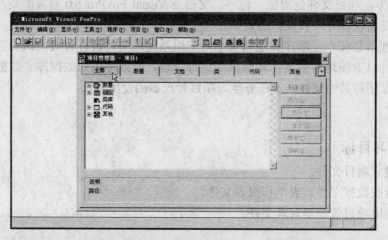

图 3-2　"项目管理器"窗口

2. 打开项目管理器

选择"打开"命令可以随时打开项目文件。打开已有项目的步骤为：

(1) 选择"文件"菜单→"打开"命令，或者单击常用工具栏上的"打开"按钮 ，则显示"打开"对话框，如图 3-3 所示。

图 3-3　"打开"对话框

(2) 在"打开"对话框中，Visual FoxPro 当前默认的文件夹为 Vfp，所以将显示此文件夹下的内容，选择"文件类型"为"项目"，输入新的项目名称或选择已有项目的名称。

(3) 单击"确定"按钮。

打开项目文件后将显示项目管理器窗口，这时就可以用"项目管理器"来组织和管理文件了。

3. 项目管理器界面

"项目管理器"为管理数据提供了一个组织良好的分层结构视图。若要处理项目中某一特定类型的文件或对象，可选择相应的选项卡。这些选项卡分别为"全部"、"数据"、"文档"、"类"、"代码"和"其他"。

在项目管理器中，各个项目均以图标方式组织和管理，用户可以展开或折叠某一类型文件的图标。如某种类型的文件存在一个或多个，在其相应图标的左边就会出现一个加号"⊞"，单击加号"⊞"可列出该类型的所有文件(即展开图标)，此时加号"⊞"将变成减号"⊟"，如图 3-4 所示；单击减号"⊟"可隐去文件列表(即折叠图标)，同时减号"⊟"变回加号"⊞"。

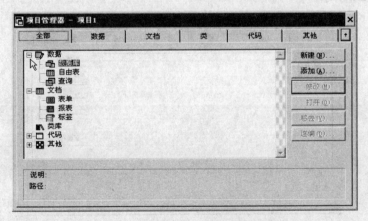

图 3-4　展开和折叠项目管理器中的项目

4. 查找数据文件

项目管理器的"数据"选项卡中,包含一个项目中的所有数据:数据库、自由表、查询和视图。"项目管理器"中的"数据"选项卡,如图 3-5 所示。

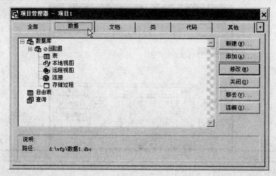

图 3-5 "项目管理器"中的"数据"选项卡

"数据"选项卡中的项目内容有:

(1) 数据库:是表的集合,一般通过公共字段彼此关联,使用"数据库设计器"可以创建一个数据库,数据库文件的扩展名为 .dbc。

(2) 自由表:存储在以 .dbf 为扩展名的文件中,它不是数据库的组成部分。

(3) 查询:是检查存储在表中特定信息的一种结构化方法,利用"查询设计器",可以设置查询的格式,该查询将按照输入的规则从表中提取记录,查询被保存在扩展名为 .qpr 的文件。视图是特殊的查询,通过更改由查询返回的记录,可以用视图访问远程数据或更新数据源,视图只能存在于数据库中,它不是独立的文件。

当需要查看表或查询中的数据时,在"数据"选项卡中选定表或查询后,单击"浏览"按钮即可。

5. 查找表单和报表文件

项目管理器中的"文档"选项卡,包含了处理数据时所用的全部文档,即输入和查看数据所用的表单,以及打印表和查询结果所用的报表及标签。"项目管理器"中的"文档"选项卡,如图 3-6 所示。

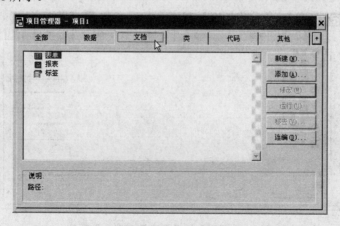

图 3-6 "项目管理器"中的"文档"选项卡

其中的项目内容有：

(1) 表单：用于显示和编辑表的内容。

(2) 报表：是一种文件，指明 Visual FoxPro 如何设置查询来从表中提取结果，以及如何将结果打印出来。

(3) 标签：是打印在专用纸上的带有特殊格式的报表。

6. 添加或移去文件

1) 在项目中添加文件

要想使用"项目管理器"，必须在其中添加已有的文件或者用它来创建新的文件。例如，如果想把一些已有的扩展名为 .dbf 的表添加到项目中，只需在"数据"选项卡中选中"自由表"，单击"添加"按钮，在"打开"对话框中选择要添加的文件名后单击"确定"。

2) 从项目中移去文件

在项目管理器中，选定要移去的内容，单击"移去"按钮，在提示框中选择"移去"。如果要从计算机中删除文件，单击"删除"按钮。

7. 创建和修改文件

"项目管理器"简化了创建和修改文件的过程。

1) 创建添加到"项目管理器"中的文件

在项目管理器中，选定要创建的文件类型，单击"新建"按钮，VFP 将显示与所选文件类型相应的设计工具。

对于某些类型的文件，可以利用向导来创建。

2) 修改文件

在项目管理器中，选定一个已有的文件(例如要修改一个表，先选定表的名称)，然后选择"修改"按钮，该表便显示在"表设计器"中。

3) 为文件添加说明

创建或添加新文件时，可以为文件加上说明。文件被选定时，说明将显示在"项目管理器"的底部。操作步骤为：

(1) 在"项目管理器"中选定文件。

(2) 选择主窗口"项目"菜单→"编辑说明"命令，如图 3-7 所示。

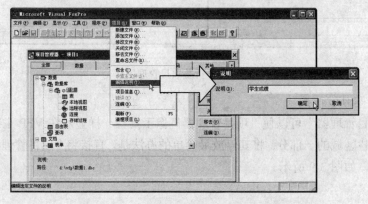

图 3-7　编辑说明

(3) 在打开的"说明"对话框中,键入对文件的说明,然后单击"确定"按钮。

8. 在项目间共享文件

共享其他项目文件,可以重用其他项目开发上的工作成果。此文件并未复制,项目只储存了对该文件的引用。文件可同时与不同的项目连接。

在 VFP 中,打开要共享文件的两个项目,在包含该文件的"项目管理器"中,选择该文件,拖动该文件到另一个的项目容器中。

9. 改变"项目管理器"的显示外观

"项目管理器"通常显示为一个独立的窗口。可以移动其位置、改变尺寸或者将它折叠起来只显示选项卡。

1) 移动"项目管理器"

将鼠标指针指向标题栏,然后将"项目管理器"拖到屏幕上的其他位置。

2) 改变"项目管理器"窗口大小

将鼠标指针指向"项目管理器"窗口的顶端、底端、两边或角上,拖动鼠标即可扩大或缩小它的尺寸。

3) 折叠"项目管理器"

单击右上角的上箭头 ↑ 。在折叠情况下只显示选项卡,如图 3-8 所示。单击右上角的下箭头 ↓ ,可以将"项目管理器"还原为通常大小。

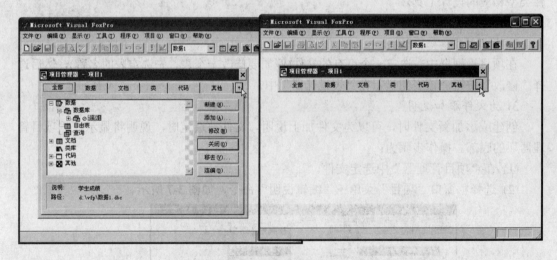

图 3-8 折叠项目管理器

4) 停放"项目管理器"

停放"项目管理器"可以使"项目管理器"像工具栏一样显示在 VFP 主窗口的顶部,变成窗口工具栏区域的一部分。将其停放最简单的办法是,直接将"项目管理器"拖到 VFP 主窗口的顶部,如图 3-9 所示。

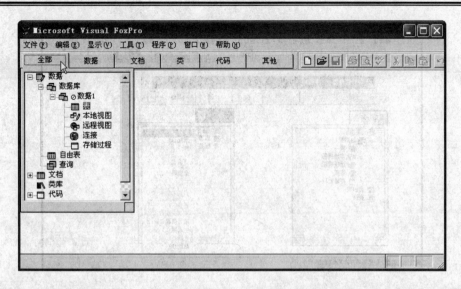

图 3-9　停放"项目管理器"

10. 浮动选项卡

折叠"项目管理器"后，可以拖开选项卡，该选项卡则成为浮动状态，根据需要重新安排位置。拖下某一选项卡后，它可以在 Visual FoxPro 的主窗口中独立移动。

1) 拖动选项卡

折叠"项目管理器"，选定一个选项卡，将它拖离"项目管理器"，如图 3-10 所示。

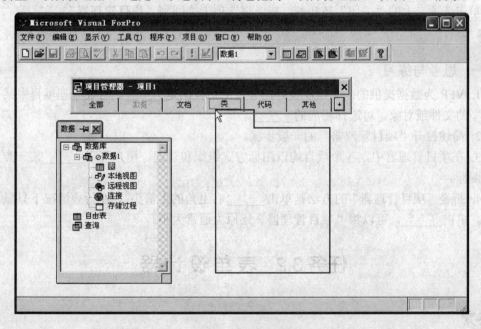

图 3-10　浮动选项卡

当选项卡处于浮动状态时，在选项卡中单击鼠标右键，弹出快捷菜单，从中可以使用"项目"菜单中的选项，如图 3-11 所示。

图 3-11　浮动选项卡中的快捷菜单

2) 使选项卡顶层显示

如果想使选项卡始终显示在屏幕的最上层，可以单击选项卡上的图钉图标 📌，使该图钉图标变为 ⊘，该选项卡就会一直保留在其他 VFP 窗口的上面。可以使多个选项卡都处于"顶层显示"的状态。再次单击图钉图标 ⊘，可以取消选项卡的"顶层显示"设置。

3) 还原选项卡

单击选项卡上的"关闭"按钮 ✕，或者将选项卡拖回到"项目管理器"。

思考与练习

1. VFP 为数据提供的一个组织良好的分层结构视图是_____。若要处理项目中某一特定类型的文件或对象，可选择相应的_____。

2. 简述打开"项目管理器"的一般步骤。

3. 在项目管理器中，各个项目均以图标方式组织和管理，用户可以_____某一类型文件的图标。

4. 折叠"项目管理器"的方法是单击_____右上角的上箭头 ，在折叠情况下只显示选项卡。单击_____，可以将"项目管理器"还原为通常大小。

任务 3.2　表单设计器

任务导入

在 VFP 中，表单设计器是一个功能强大的表单设计工具，它是一种可视化(Visual)工具，表单的全部设计工作都在表单设计器中完成。本任务将学习表单设计器的使用方法。

学习目标

(1) 能熟练使用表单设计器和表单控件工具栏。
(2) 了解表单设计器和表单控件工具栏上的常用工具和控件。
(3) 了解属性窗口和代码窗口的作用和布局。
(4) 会画出控件，并能调整控件的大小和位置。

任务实施

1. 打开表单设计器

无论是建立新表单还是修改已有的表单程序都要打开表单设计器，打开表单设计器常用下面 3 种方法。

1) 从"新建"对话框打开表单设计器

单击"文件"菜单→"新建"命令，或单击常用工具栏上的"新建"按钮 □，弹出"新建"对话框，选中"表单"，然后单击"新建文件"，即可进入表单设计器初始画面，如图 3-12 所示。

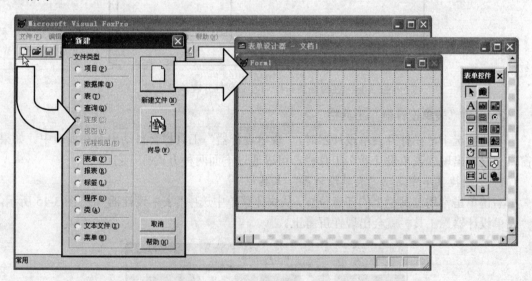

图 3-12　从"新建"对话框打开表单设计器

表单设计器中包含一个新创建的表单或是待修改的表单，可在其上添加和修改控件。表单可在表单设计器内移动或是改变大小。

2) 从项目管理器中打开表单设计器

在"项目管理器"的"文档"选项卡中，选中"表单"，单击"新建"按钮，在弹出的"新建表单"对话框中，选择"新建表单"按钮，如图 3-13 所示。

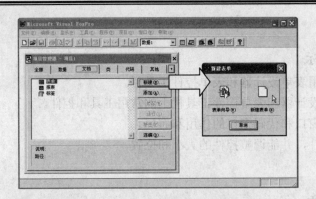

图 3-13　从项目管理器中打开表单设计器

3) 通过命令打开表单设计器

在 VFP 命令窗口中，输入 CREATE FORM 命令，如图 3-14 所示，可直接打开表单设计器。这种方法快速简便。

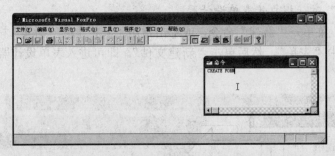

图 3-14　在命令窗口中通过命令打开表单设计器

2. 启动"表单设计器"工具栏

一般情况下，在打开表单设计器时，"表单设计器"工具栏会自动出现在窗口中。如果窗口上没有出现"表单设计器"工具栏，可以通过下面两种方式打开它。

1) 从快捷菜单中启动"表单设计器"工具栏

右键单击常用工具栏上的任意位置，从快捷菜单中选中"表单设计器"，如图 3-15 所示，"表单设计器"工具栏就会出现在屏幕上。

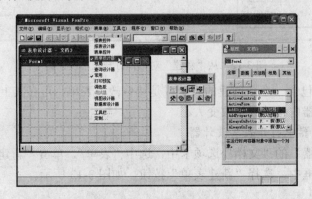

图 3-15　从快捷菜单中选择"表单设计器"工具栏

2) 从"工具栏"对话框启动"表单设计器"工具栏

单击"显示"菜单→"工具栏"命令，在弹出的"工具栏"对话框中，选中"表单设计器"，然后单击"确定"按钮，如图 3-16 所示，可得到"表单设计器"工具栏。

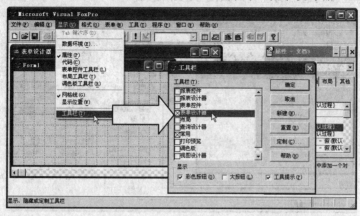

图 3-16　从"工具栏"对话框启动"表单设计器"工具栏

3. "表单设计器"中的工具按钮

"表单设计器"工具栏中包括设计表单时的所有工具，把鼠标指针移到工具栏的某按钮上，就会出现该工具按钮的名称。

"表单设计器"中各个工具按钮的功能说明，见表 3-1。

表 3-1　"表单设计器"中的工具按钮

图标	名称	说　　明
🔳	设置〈Tab〉键次序	在表单设计过程中，单击此按钮，可以显示当按动〈Tab〉键时，光标在表单的各控件上移动的顺序。用〈Shift〉键加上鼠标左键可以重新设置光标移动的顺序
🔳	数据环境	在表单设计过程中，单击此按钮，可以结合用户界面设计一个依附的数据环境
🔳	属性窗口	在表单设计过程中，单击此按钮，可以启动或关闭属性窗口，以便在属性窗口中查看和修改各个控件的属性
🔳	代码窗口	在表单设计过程中，单击此按钮，可以启动或关闭代码窗口，以便在代码窗口中编辑各对象的方法及事件代码
🔳	表单控件工具栏	在表单设计过程中，单击此按钮，可以启动或关闭表单控件工具栏，以利用各控件进行用户界面的设计
🔳	调色板工具栏	在表单设计过程中，单击此按钮，可以启动或关闭调色板工具栏。利用调色板工具栏可以设置各对象的前景色与背景色
🔳	布局工具栏	在表单设计过程中，单击此按钮，可以启动或关闭布局工具栏。利用布局工具栏可以设置对象的对齐方式
🔳	表单生成器	启动表单生成器，直接以填表的方式进行相关对象的各项设置，可以快速建立表单
🔳	自动格式	在表单设计过程中，单击此按钮，可以启动或关闭自动格式生成器，对各控件进行格式设置

4. "表单控件"工具栏

单击"表单设计器"工具栏上的"表单控件工具栏"按钮，将出现"表单控件"工具栏，可以把它拖放到适当的位置，如图 3-17 所示。

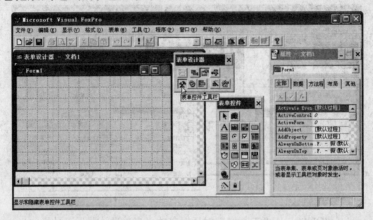

图 3-17　启动"表单控件"工具栏

在"表单控件"工具栏中，提供了 VFP 可视化编程的各种控件，利用这些控件可以创建出所需要的对象。

除了各种控件以外，"表单控件"工具栏中还有几个按钮，其用途见表 3-2。

表 3-2　"表单控件"工具栏中的其他按钮

图标	名称	说明
	选定对象	选定一个或多个对象，移动和改变控件的大小。在创建了一个对象之后，"选择对象"按钮被自动选定，除非按下了"按钮锁定"按钮
	查看类	单击可以激活，使用户可以选择显示一个已注册的类库。在选择一个类后，工具栏只显示选定类库中类的按钮
	生成器锁定	生成器锁定方式可以自动显示生成器，为任何添加到表单上的控件打开一个生成器
	按钮锁定	按钮锁定方式可以添加多个同类型的控件，而不需多次按此控件的按钮

5. "属性"窗口

设计时，一般需要在"属性窗口"中修改或设置属性。通过单击"表单设计器"工具栏中的"属性窗口"按钮，可打开"属性"窗口。也可以单击鼠标右键，在快捷菜单中单击"属性"按钮，打开"属性"窗口，如图 3-18 所示。

属性窗口包含选定对象(表单或控件)的属性、事件和方法列表。可在设计或编程时对这些属性值进行设置或更改。

1) "对象"下拉列表框

标识当前选定的对象。单击右端的向下箭头，可看到包括当前表单(或表单集)及其所包含的全部对象列表。可以从列表中选择要更改其属性的表单或对象。

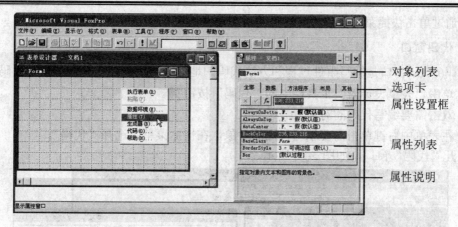

图 3-18　"属性"窗口

2）选项卡

选项卡中，按分类方式显示所选对象的属性、事件和方法。

(1) "全部"选项卡：显示全部属性、事件和方法。

(2) "数据"选项卡：显示所选对象如何显示或怎样操纵数据的属性。

(3) "方法程序"选项卡：显示方法和事件。

(4) "布局"选项卡：显示所有的布局属性。

(5) "其他"选项卡：显示其他和用户自定义的属性。

3）属性设置框

在属性设置框中，可以更改属性列表中选定的属性值。

如果选定的属性具有预定值，则在右边出现一个向下箭头。如果属性设置需要指定一种颜色或图标，则在右边出现 … 按钮，表示允许从对话框中设置属性。单击"接受"按钮 ✓ 来确认对此属性的更改；单击"取消"按钮 ✕ 取消更改，恢复以前的值。

单击"函数"按钮 f_x，将打开表达式生成器。

4）属性列表

在属性列表中，显示所有可以在设计时更改的属性以及它们的当前值。

对于具有预定值的属性，在"属性"列表中，双击属性名，可以遍历所有可选项。对于具有两个预定值的属性，在"属性"列表中，双击属性名，可在两者间切换。

对于以表达式作为设置的属性，它的前面标有等号"="。只读的属性、事件和方法以斜体显示。

右键单击属性列表和属性设置框以外的区域，将弹出快捷菜单。如图 3-19 所示，选择不同的选项可以改变"属性"窗口的外观。

选择任何属性并按〈F1〉键即可得到此属性的帮助信息。

5）属性说明

显示属性的类型和对属性的简要说明。在"属性"窗

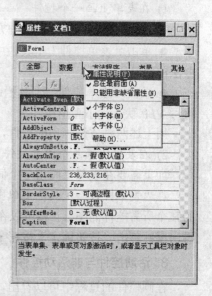

图 3-19　"属性"窗口快捷菜单

口中，通过单击快捷菜单中的"属性说明"命令，就可以打开或关闭属性说明。

6. 代码窗口

代码(Code)窗口是编写事件过程和方法代码的地方。可用下述 3 种方法打开代码窗口：

● 单击"表单设计器"工具栏中的"代码"按钮 。

● 双击需要编写代码的对象。

● 在表单中右键单击需要编写代码的对象，在快捷菜单中选择"代码"。

打开"代码"窗口，如图 3-20 所示。

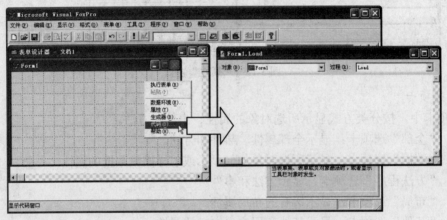

图 3-20　打开"代码"窗口

7. 画出控件

设计用户界面时，经常要在表单上利用 VFP 提供的可视化控件画出各种所需要的对象。为了区别于表单运行时由程序添加的对象，我们把由控件创建的对象仍称为控件，并且把由控件创建对象的过程称为"画控件"。

1) 在表单上画一个控件

在表单上画一个控件有两种方法：

● 单击"表单控件"工具栏中的某个图标，然后在表单适当位置拖动鼠标画出控件(此方法前面已作介绍)。

● 单击"表单控件"工具栏中的某个图标，然后在表单适当位置单击鼠标左键，此时将按 VFP 默认大小画出控件。

用上述两种方法画出的控件，都可以用下面的方法改变其大小和位置。

2) 在表单上画多个同类控件

如果需要在表单上画出多个同类的控件，则可以利用"按钮锁定"功能。

在"表单控件"工具栏中单击"按钮锁定"按钮 ，然后单击"表单控件"工具栏中的某个所需控件的图标，就可以在表单上连续画出控件(不必每画一个单击一次图标)，最后再用鼠标单击"按钮锁定"按钮 取消该功能。

8. 活动控件与非活动控件

在画控件的过程中可以看出，刚画完的控件边框上有 8 个黑色小方块，表明该控件是"活动"的，活动控件也称"当前控件"，如图 3-21 所示，对控件的所有操作都是针对活动控件进行的。

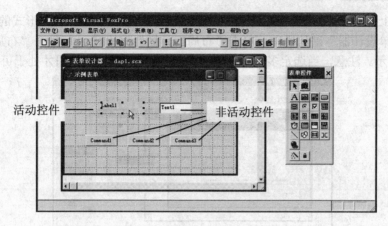

图 3-21　活动控件与非活动控件

　　当表单上有多个控件时，一般只有一个控件是活动控件(除非进行了多重选定)。当要对非活动控件进行指定的操作时，必须将其变为活动控件。单击非活动控件，可使该控件变为活动控件；单击活动控件的外部，则可使该控件变为非活动控件。

9. 改变控件的大小

　　用鼠标拖拉活动控件边框上的小方块，可以使控件在相应的方向放大与缩小。按下〈Shift〉键的同时，用左右方向键〈←〉和〈→〉可以调整控件的宽度，用上下方向键〈↑〉和〈↓〉可以调整控件的高度。

10. 移动控件

　　当控件为活动控件时，用键盘的方向键可以使控件向相应的方向移动。也可以把鼠标指向控件内部，拖动控件到表单的任何位置。

11. 与控件大小和位置有关的属性

　　除了以上方法可以改变控件的大小和位置外，还可以通过修改某些属性来改变控件的大小和位置。

　　有 4 种属性与表单及控件的大小和位置有关，即 Width、Height、Top 和 Left。其中(Left，Top)是表单或控件左上角的坐标，Width 是其宽度，Height 是其高度。坐标的原点在 Windows 窗口或表单的左上角，单位由 ScaleMode 属性确定。

12. 控件的复制与删除

　　用下面 3 种方法，可以复制与删除控件：

　　● 先将所要操作的控件变为"活动控件"，按〈Ctrl〉+〈C〉键可将该控件拷贝到 Windows 的剪贴板中，按〈Ctrl〉+〈V〉键可以在表单中得到该控件的复制品。对于活动控件，只须按〈Delete〉键即可删除该控件。

　　● 通过"编辑"菜单中的相应命令，或常用工具栏上的相应按钮，来对控件进行复制与删除的操作。

　　● 直接用鼠标右击要操作的控件，在快捷菜单中选取需要的项。

13. 布局工具栏

当表单上有多个控件时，可以使用"布局"工具栏对控件进行各种形式的对齐操作。

在"表单设计器"工具栏中，单击"布局工具栏"按钮 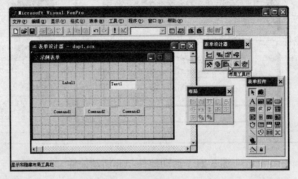，可打开"布局"工具栏，如图 3-22 所示。注意，当选定多个控件时，"布局"工具栏中的按钮才处于可用状态。

图 3-22　打开"布局"工具栏

1) 多重选定

多重选定是指同时选定一组控件。多重选定后的控件才可调整其相互间的位置。多重选定的方法常用下面两个：

● 先按住〈Shift〉键，再用鼠标单击所要选择的控件。

● 用鼠标在表单上拉出一个矩形，凡是与此矩形相交的控件均会被选定，如图 3-23 所示。

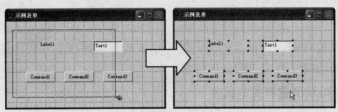

图 3-23　拖动法选择多个控件

选定多个控件后，可以用"布局"工具栏上的按钮进行对齐方式、设置同宽、设置同高等操作，如图 3-24 所示为设置两个控件左对齐。

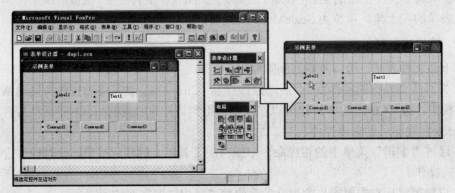

图 3-24　设置控件左对齐

2) 布局按钮介绍

"布局"工具栏中有以下 13 个工具按钮。

左边对齐：被选择的控件靠左边对齐。

右边对齐：被选择的控件靠右边对齐。

顶边对齐：被选择的控件靠顶端对齐。

底边对齐：被选择的控件靠底端对齐。

垂直居中对齐：被选择的控件按其垂直的中心对齐。

水平居中对齐：被选择的控件按其水平的中心对齐。

相同宽度：被选择的控件按最宽的控件设置相同的宽度。

相同高度：被选择的控件按最高的控件设置相同的高度。

相同大小：被选择的控件设置相同的大小。

水平居中：被选择的控件按表单的水平中心线对齐。

垂直居中：被选择的控件按表单的垂直中心线对齐。

置前：被选择的控件设置为前景显示。

置后：被选择的控件设置为背景显示。

思考与练习

1. 简述打开"表单设计器"的方法。

2. 如果屏幕上没有出现"表单设计器"工具栏，可以右键单击常用工具栏上的任意位置，从弹出的快捷菜单中选中_____，"表单设计器"工具栏就会出现在屏幕上。

3. 单击"表单设计器"工具栏上的_____，屏幕出现"表单控件"工具栏，可以把它拖放到适当的位置。

4. 向表单中添加控件的方法是，选定表单控件工具栏中某一控件，然后再_____，便可添加一个控件。

5. 如果想在表单上添加多个同类型的控件，则可在选定控件按钮后，单击_____按钮，然后在表单的不同位置单击，就可以添加多个同类型的控件。

6. 利用_____工具栏中的按钮可以对选定的控件进行居中、对齐等多种操作。

任务 3.3　VFP 编程步骤

任务导入

Visual FoxPro 可视化编程的一般步骤为：

(1) 建立应用程序的用户界面，主要是建立表单，并在表单上安排应用程序所需的各种对象(由控件创建)。

(2) 设置各种对象(表单及控件)的属性。

(3) 编写方法及事件过程代码。

当然，也可以边建立对象、边设置属性、编写方法及事件过程代码。本任务将通过建立一个最简单的表单来介绍可视化编程的基本步骤和表单设计器的使用方法。

学习目标

(1) 熟练掌握可视化编程的基本步骤。

(2) 熟练使用表单设计器。

任务实施

1. 添加控件

首先在表单上增加一个控件，操作步骤为：

(1) 单击"表单控件"工具栏中的"命令按钮" 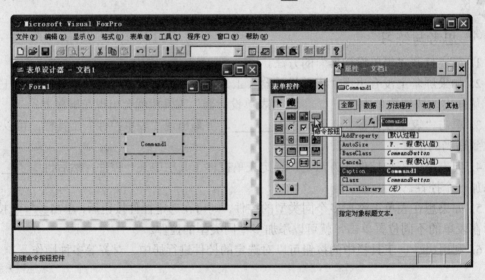 控件，如图 3-25 所示。

图 3-25　在表单上增加"Command1"控件

(2) 在表单上，按下鼠标左键并拖动鼠标的十字指针画出一个矩形框，松开左键即画出一个命令按钮，按钮上自动标有"Command1"，序号将自动增加。

2. 修改属性

设计时，设置和修改属性一般都在属性窗口进行。

(1) 刚添加过命令按钮后，"对象"下拉列表框中显示的对象名是"Command1"，在"全部"选项卡中找到名称属性 Name，将其改为"CmdQ"(原值为 Command1)；找到标题属性 Caption，将其改为"关闭"(原值为 Command1)，如图 3-26 所示。

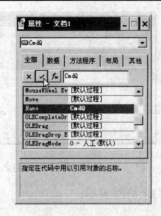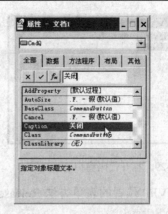

图 3-26　修改命令按钮 Command1 的 Caption 和 Name 属性

(2) 在"对象"下拉列表框中选择"Form1"，在"全部"选项卡中找到标题属性 Caption，将其改为"示例表单"(原值为 Form1)，如图 3-27 所示；找到表单名属性 Name，将其改为"Test"(原值为 Form1)，修改后如图 3-28 所示。

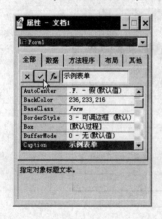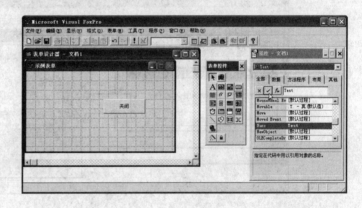

图 3-27　修改 Form1 的 Caption 属性　　　　　　　　　　图 3-28　修改后的表单

3. 编写代码

编写代码就是为对象编写事件过程或方法。

(1) 在编写代码前，首先要打开代码窗口。双击表单或表单中的对象，打开代码窗口。

(2) 在代码窗口中的"对象"下拉列表框中，列出了当前表单及所包含的所有对象名：Test、CmdQ，如图 3-29 所示，其中 CmdQ 对象前的缩进表示对象的包容关系。"过程"下拉列表框中，列出了所选对象的所有方法及事件名。

在"对象"下拉列表框中选择"CmdQ"对象，在"过程"下拉列表框中选择"Click"，如图 3-30 所示，在代码窗口输入代码：

      Release　ThisForm

其中，Release 是 VFP 命令，用来从内存中清除变量或引用的对象。上述代码表示的含义为：当单击(Click)命令按钮(CmdQ)时，清除该表单。

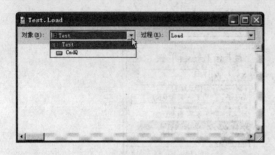

图 3-29　打开代码窗口　　　　　　　　　　图 3-30　输入代码

也可以调用 VFP 预置的表单方法 Release( )来清除表单：

　　ThisForm.Release( )

(3) 单击代码窗口右上角的"关闭"按钮，关闭代码窗口。然后，单击"表单设计器"窗口右上角的"关闭"按钮，关闭表单设计器，此时，系统提示是否保存所作的改变。

(4) 选择"是"，将打开"另存为"对话框，输入表单文件名 dap1，如图 3-31 所示，系统将以表单文件 dap1.scx 存盘。

图 3-31　"另存为"对话框

4. 运行表单

运行表单的方法有下面几种：

● 在未退出"表单设计器"时，单击常用工具栏中的"运行"按钮，如图 3-32 所示。

● 在命令窗口键入：DO FORM〈表单名〉

● 在程序代码中使用命令：DO FORM〈表单名〉

这里，我们只编写了有一行代码的"程序"，它具有标准的 Windows 风格：图标、标题、最小化按钮、最大化按钮、关闭按钮、移动栏、表单体及其周围的边框。

最后单击"关闭"按钮。如果用第 1 种方式运行表单，此时将返回"表单设计器"，否则返回 VFP 主屏幕。

5. 修改表单

下面修改刚才创建的表单 dap1，使之具有一个快捷访问键〈Q〉，如图 3-33 所示，即当使用组合键键入〈Alt〉+〈Q〉或直接键入〈Q〉时，可关闭表单。

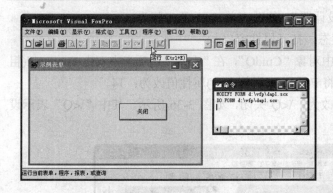

　　　　图 3-32　运行表单　　　　　　　　　　　　　　图 3-33　设置快捷访问键

首先通过下面 3 种方法之一进入表单设计器：

● 单击"文件"菜单→"打开"命令，或单击常用工具栏上的"打开"按钮，将弹出"打开"对话框。在"打开"对话框的"文件类型"下拉列表框中选择"表单(*.scx)"，然后在列出的表单文件中选择所要的表单名 dap1，如图 3-34 所示，然后单击"确定"按钮。

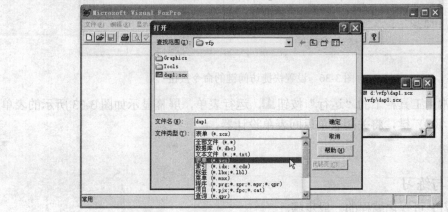

图 3-34　"打开"对话框

● 在命令窗口中使用命令：MODIFY FORM〈表单名〉。

● 在项目管理器中选择所要修改的表单名称，然后单击"修改"按钮，如图 3-35 所示。

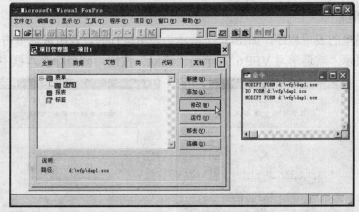

图 3-35　在项目管理器中修改表单

上述方法均可再次进入"表单设计器"。修改表单 dap1 的步骤为：

(1) 若"属性窗口"处在关闭状态，打开属性窗口。

(2) 在"对象"下拉列表框中选中对象"CmdQ"，在"布局"选项卡中双击 FontBold(粗体字)属性，将其值改为：.T.—真，将 FontSize(字体大小)属性值改为：14。

(3) 选择 Caption 属性，将其值改为：\<Q 关闭，如图 3-36 所示。其中"\<Q"表示设置快捷访问键 Q。

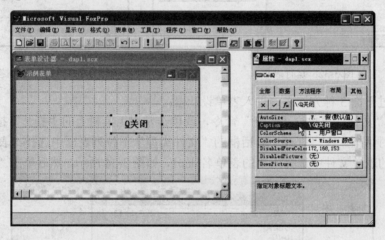

图 3-36   设置快捷访问键的命令按钮

(4) 单击常用工具栏上的"运行"按钮，运行表单，屏幕显示如图 3-33 所示的表单，从键盘上单击〈Q〉键，将关闭表单返回表单设计器。

思考与练习

1. 简述 VFP 可视化编程的一般步骤。

2. 建立一个无标题栏的表单。

技能训练

设计一个简单的表单程序，如图 3-37 所示。表单运行时，若用鼠标单击"显示"按钮，在文本框中将显示"欢迎学习 VFP 6"，单击"清除"按钮，则清除文本框中的内容。

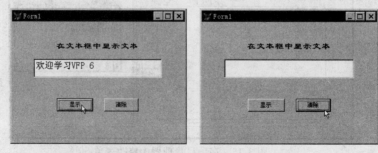

图 3-37   在文本框中显示文本

第 4 章　赋值与输入输出

　　计算机可以接受数据和处理数据，并可将处理完的数据以完整有效的方式提供给用户。一个计算机程序通常可分为 3 个部分，即输入、处理和输出。VFP 的输入输出有着十分丰富的内容和形式，它提供了多种手段，并可通过各种控件实现输入输出操作，使输入输出灵活多样、方便直观。

　　本章将学习 VFP 程序设计的数据输出、输入和赋值方法，以及常用的几个命令。主要内容包括：

　　(1) 程序设计中为变量赋值的方法，以及几个简单的语句。
　　(2) 用标签控件、文本框控件、对话框函数实现数据输出、输入的方法。
　　(3) 与界面设计有关的几个常用控件。

任务 4.1　赋值及几个简单语句

任务导入

　　赋值语句是所有程序设计中最基本的语句，也是使用最多的语句。

　　本任务主要介绍赋值语句的使用方法，以及 VFP 中常用的几个简单语句(程序注释语句、程序暂停语句、程序结束语句等)，并由它们组成简单的程序结构。

学习目标

　　(1) 能熟练使用赋值语句。
　　(2) 能熟练使用程序注释语句、程序暂停语句、程序结束语句等。

任务实施

1. 赋值语句

　　在程序中若要使用(引用)变量，必须在使用(引用)之前为变量设定一个初值。

　　使用赋值语句，可以将指定的值赋给内存变量或对象的某个属性，其一般格式为：

STORE　〈表达式〉　TO　〈名称列表〉

或

〈名称〉=〈表达式〉

说明：

(1) 〈表达式〉可以是算术表达式、字符串表达式、日期表达式、关系表达式或逻辑表达式，首先计算〈表达式〉的值，将表达式的值赋给变量或对象的属性。

(2) 〈名称〉是内存变量名或属性名，〈名称列表〉是多个〈名称〉的列表，各名称之间用逗号分隔。

(3) "STORE"可以给多个变量或属性赋值，"="只能给一个变量或属性赋值。例如：

STORE　2+3　TO　x, y, z

STORE　"请输入数据"　TO　THISFORM.Label1.Caption , THISFORM.Label2.Caption

x = 4+5

THISFORM.Caption = "学生成绩管理软件"

(4) 如果对日期型内存变量赋值，当〈表达式〉是日期型常量时，必须用花括号"{ }"括起来并在前面加上一个符号(^)；当〈表达式〉是字符串时，必须用转换函数 CTOD( )将其转换为日期型。例如：

today = {^2011/12/18}

today = CTOD("12/18/2011")

(5) 如果是给内存变量赋值，则内存变量的类型由〈表达式〉的类型决定；如果是给某对象的属性赋值，则表达式的类型必须与属性的类型一致。

(6) 赋值号的左边只能是一个变量名，不能是表达式。例如：不能将 z=x+y 写成 x+y=z。

(7) 不要将赋值号"="与是数学中的等号混淆，x = 2 应读作"将数值 2 赋给变量 x"或是"使变量 x 的值为 2"，可以理解为：x ⇐ 2。下面两个语句的作用是不同的：

x = y

y = x

(8) 当一条语句较长时，在代码编辑窗口阅读程序时不便查看。这时，可以使用续行功能，用分号";"将较长的语句分为两行或多行。例如：

THISFORM.Label1.Caption = "计算机可以接受数据和处理数据，　" + ;

"并可将处理完的数据以完整有效的方式提供给用户。"

注意，作为续行符的分号只能出现在行尾。

2. 程序注释语句

为了提高程序的可读性，通常应在程序的适当位置加上一些备注或说明等注释内容。VFP 提供了行首和行尾两种注释语句。

1) 行首注释

如果在程序开始处或程序中，需对本模块或某程序段的功能或含义进行注释时，可以使用行首注释语句，其语法格式为：

NOTE　[注释内容]

或

　　* 　[注释内容]

说明：

(1) [注释内容]是指要包括的注释文本。

(2) 程序运行时，当执行到以 NOTE 或*开头的行时，VFP 将会将其作为注释语句而不考虑注释的内容。

2) 行尾注释

如果要在命令语句的尾部对本语句中变量的含义或本语句的作用等进行说明时，应该使用行尾注释语句，其语法格式为：

　　&& 　[注释内容]

说明：不能在命令语句行续行符分号后加入&&和注释。

【例 4-1】 注释语句使用示例。

```
NOTE    该程序计算圆面积
r = 10                                  &&  r 为圆半径
pi = 3.14                               &&  pi 为圆周率
s = pi * r ^ 2                          &&  计算圆面积的值
THISFORM.Label1.Caption = s             &&  将结果显示在标签上
```

3. 程序暂停语句

WAIT 语句用来暂停程序的执行并显示提示信息，按任意键或单击鼠标后继续执行程序。其语法格式为：

　　WAIT 　[提示信息] 　[TO〈内存变量〉] 　[WINDOW 　[AT 行,列]] [TIMEOUT n]

说明：

(1) [提示信息]是指定要显示的自定义信息。若省略，则显示默认的信息。

(2) [TO〈内存变量〉]将按下的键以字符形式保存到变量或数组元素中。若〈内存变量〉不存在，则创建一个。若按键是"不可打印"的字符或单击鼠标，则内存变量中存储空字符串。

(3) [WINDOW [AT 行,列]]指定显示的信息窗口在屏幕上的位置。若省略[AT 行,列]则显示在屏幕的右上角。

(4) [TIMEOUT n]指定自动等待键盘或鼠标输入的秒数，必须放在语句的最后。

【例 4-2】 WAIT 语句使用示例。

如图 4-1 所示，在代码窗口中输入下面的代码，运行后将显示暂停提示信息。

```
WAIT   "我累了，要休息10秒"  WINDOWS  AT  20, 20  TIMEOUT  10
```

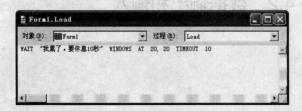

图 4-1 　WAIT 语句示例

4. 程序结束语句

在 VFP 中，要终止表单的运行可以使用 RELEASE 语句或 Release 方法。

RELEASE 语句的格式为：

　　　RELEASE 　〈THISFORM〉

Release 方法的格式为：

　　〈THISFORM ｜ THISFORMSET〉　Release

RELEASE 语句和 Release 方法直接激发 Unload 事件从内存中释放表单或表单集。

思考与练习

1. 下列哪组语句可以将变量 A、B 的值互换？

A) A = B 　　　　　　　　　B) A = (A + B) / 2
　　B = A 　　　　　　　　　　　B = (A − B) / 2

C) A = A + B 　　　　　　　D) C = A
　　B = A − B 　　　　　　　　　A = B
　　A = A − B 　　　　　　　　　B = C

2. && 可以标记注释的开始，&& 的位置是：

A) 必须在一行的开始　　　　B) 必须在一行的结尾
C) 可以在一行的任意位置　　D) 必须在一行的中间

3. 在表单 MyForm 的事件代码中，改变表单中 cmd1 控件的 Caption 属性的正确命令是：

A) MyForm.cmd1.Caption = "确定"

B) THIS.cmd1.Caption = "确定"

C) THISFORM.Caption = "确定"

D) THISFORMSET.cmd1.Caption = "确定"

4. 在表单 MyForm 的一个控件的事件代码中，将该表单的背景色改为绿色的命令是：

A) MyForm.BackColor = RGB(0, 255, 0)

B) THIS.Parent.BackColor = RGB(0, 255, 0)

C) THISFORM.BackColor = RGB(0, 255, 0)

D) THIS.BackColor = RGB(0, 255, 0)

任务 4.2　数据输出和输入

任务导入

一个程序如果没有输出操作就没有什么实用价值，如果没有输入操作，必然缺乏程序的灵活性。VFP 中常用标签控件(Label)和 MESSAGEBOX 函数实现数据输出，用文本框

(TextBox)实现数据输入。

本任务学习实现数据输出和输入的方法。

学习目标

(1) 能熟练使用标签控件(Label)和 MESSAGEBOX 函数实现数据输出。

(2) 能熟练使用文本框(TextBox)控件实现数据输入。

任务实施

1. 使用标签控件实现数据输出

标签(Label)控件显示的文本信息用户不能直接修改，Label 所显示的内容由标题(Caption)属性控制，该属性可以在设计时通过"属性"窗口设置，也可以在运行时用代码赋值。

在缺省情况下，标题(Caption)是 Label 控件中唯一的可见部分。如果把 BorderStyle(边框样式)属性设置成 1(可以在设计时进行)，那么 Label 就有了一个边框。还可以通过设置 Label 的 BackColor(背景色)、ForeColor(前景色)和 FontName(字体)等属性，从而改变 Label 的外观。

【例 4-3】　制作立体字。

分析：首先利用标签控件在表单上画出 Label1，修改其属性值后，复制该标签，然后适当调整各标签的位置和颜色，从而产生立体效果。

设计步骤如下：

(1) 建立应用程序用户界面。

进入表单设计器，增加一个命令按钮 Command1 和一个标签控件 Label1。

(2) 设置对象属性。

各控件的属性设置，见表 4-1。

表 4-1　属 性 设 置

对象	属性	属性值	说明
Command1	Caption	\<C　关闭	按钮的标题
Label1	Caption	小荷才露尖尖角	标签的内容
	AutoSize	.T. – 真	自动适应大小
	FontSize	30	字体的大小
	BackStyle	0 — 透明	背景类型
	FontName	隶书	设置字体
	ForeColor	0,0,160	字体颜色为蓝色

设置属性后，如图 4-2 所示。

图 4-2 设置 Label1 的属性

选中 Label1 后，单击工具栏上的"复制"按钮，再单击"粘贴"按钮，将 Label1 复制一个副本 Label2。将 Label2 的前景色(ForeColor)属性改为：255,255,255(白色)，修改 Left 和 Top 属性值来适当调整两个标签的相对位置，如图 4-3 所示。

(3) 编写程序代码。

编写命令按钮 Command1 的 Click 事件代码，以便关闭表单退出程序：

THISFORM.Release

(4) 运行程序。

单击常用工具栏上的"运行"按钮 运行程序，显示如图 4-4 所示，单击表单上的"关闭"按钮，关闭表单。

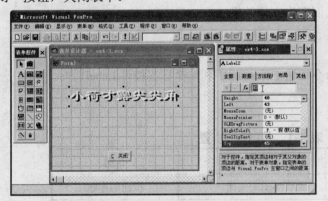

图 4-3 修改 Label2 的属性

图 4-4 程序运行结果

2. 使标签控件适应输出内容

对于一个较长的或在运行时可能变化的标题，Label 提供了两种属性：AutoSize 和 WordWrap 来改变控件尺寸以适应较长或较短的标题。为使控件能够自动调整以适应内容多少，必须将 AutoSize 属性设置为 .T.。这样控件可水平并垂直扩充以适应 Caption 属性内容。为使 Caption 属性内容自动换行，应将 WordWrap 属性设置为 .T.。

【例 4-4】 使用标签处理多行信息输出，运行时通过代码来改变输出的内容。

设计步骤如下：

(1) 建立应用程序用户界面。

进入表单设计器,增加一个命令按钮 Command1、两个标签 Label1 和 Label2。如图 4-5(a) 所示。

(2) 设置对象属性。

设置对象属性,见表 4-2。

表 4-2　属 性 设 置

对象	属性	属性值	说明
Command1	Caption	请点这里看变化	按钮的标题
Label1	Caption	山青青,水蓝蓝	标签的内容
	Alignment	2 — 中央	标签的内容居中显示
Label2	Caption	看日出,看云海	标签的内容
	BorderStyle	1 — 固定单线	有边框的标签
	BackColor	255,255,255	标签的背景改为白色
	FontSize	12	字体大小
	WordWrap	.T. — 真	文本换行
	AutoSize	.T. — 真	自动调整大小

注意:在设置标签的属性时,应先将 WordWrap 属性设为 True,然后再将 AutoSize 属性设为 True。

设置属性后的界面,如图 4-5(b)所示。

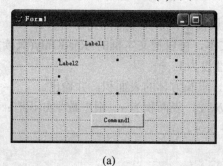 

　　　　　　　　(a)　　　　　　　　　　　　　　　　(b)

图 4-5　建立界面与设置属性

(3) 编写程序代码。

编写命令按钮 Command1 的 Click 事件代码:

```
THISFORM.Label1.Caption="甜蜜的负担"
THISFORM.Label2.Caption=" 山青青,水蓝蓝,看日出,看云海。" + ;
      "波浪鼓,咚咚咚,妹妹笑得脸通红。"
```

(4) 运行程序。

单击常用工具栏上的“运行”按钮 ! 运行程序,显示如图 4-6 左所示,单击表单上的“请点这里看变化”按钮,显示如图 4-6(b)所示。

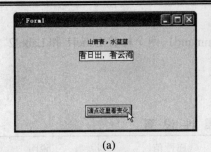 

(a)　　　　　　　　　　　　　　(b)

图 4-6　程序运行结果

3. 使用文本框进行数据输入

用户输入文本信息的最直接的方法是使用文本框(TextBox)控件。

文本框(TextBox)不仅可以用来向程序输入各种不同类型的数据，同时还可以用作数据的输出。

文本框中显示的文本是受 Value(值)属性控制的。在使用时，要注意 Value 属性值的数据类型，缺省情况下，Value 值为字符型数据"无"，如果需要将其转换为数值型数据，可以使用 VAL( )函数，例如：

$$a = VAL(THISFORM.Text1.Value)$$

另外，还可以在属性窗口中修改 Value 属性值为 0，这时文本框的 Value 属性即为数值型数据。

Value 属性可以用 3 种方式设置：

- 设计时在"属性"窗口进行。
- 编程时通过代码设置。
- 在运行时由用户输入。

在程序运行时，VFP 通过文本框的 Value 属性来检索文本框的当前内容。

如果要用文本框显示不希望用户更改的文本，可以把文本框的 ReadOnly(只读)属性设为 .T. — 真，或将文本框的 Enabled(响应)属性设为.F. — 假。

【例 4-5】 在文本框中输入长、宽、高，求长方体的表面积，并输出。

分析：设长方体的长、宽、高分别为 a、b、c，表面积为 s。根据数学知识有：

$$s = 2(ab + bc + ca)$$

设计步骤如下：

(1) 建立用户界面。

进入表单设计器，在表单中增加一个命令按钮 Command1、两个标签 Label1～Label2 和 3 个文本框 Text1～Text3。

(2) 设置控件属性。

修改对象属性，见表 4-3。

表 4-3　属性设置

对象	属性	属性值	说明
Label1	Caption	请输入长、宽、高：	标签的标题
Command1	Caption	长方体的表面积 ＝	按钮的标题
Label2	Caption	0	标签的标题

设置属性后的表单如图 4-7 所示。

(3) 编写程序代码。

写出 Command1 的 Click 事件代码：

```
a = VAL(THISFORM.Text1.Value)        &&  VAL( )将字符型数据转换为数值型
b = VAL(THISFORM.Text2.Value)
c = VAL(THISFORM.Text3.Value)
s = 2 * (a * b + b * c + c * a)            &&  计算长方体的表面积
THISFORM.Label2.Caption = STR(s,9,3)    &&  将表面积的值输出到 Label2 上
                                        &&  STR( )将数值型数据转换为字符型
```

运行程序，如图 4-8 所示。

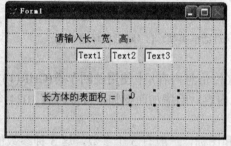

图 4-7　设置属性后的表单

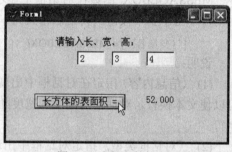

图 4-8　求长方体的表面积

4. 焦点

焦点(Focus)就是光标，当对象具有"焦点"时才能响应用户的输入，因此只有对象具有了焦点，该对象才具有接收用户鼠标单击或键盘输入的能力。在 Windows 环境中，在同一时间只有一个窗口、表单或控件具有这种能力。具有焦点的对象通常会以突出显示标题或标题栏来表示。

当文本框具有焦点时，用户输入的数据才会出现在文本框中。

仅当控件的 Visible 和 Enabled 属性被设置为真(True)时，控件才能接收焦点。某些控件不具有焦点，如标签、框架、计时器等。当控件接收焦点时，会引发 GotFocus 事件，当控件失去焦点时，会引发 LostFocus 事件。可以用 SetFocus 方法在代码中设置焦点。例如，编写表单的 Activate 事件代码，其中调用 SetFocus 方法，使得程序开始时光标(焦点)位于输入框 Text1 中：

```
THIS.Text1.SetFocus
```

另外，在 Command1 控件的 Click 事件代码中调用 SetFocus 方法，可以使光标重新回到输入框 Text1：

```
THISFORM.Text1.SetFocus
```

在程序运行的时候，用户可以通过下列方法之一改变焦点：

● 用鼠标单击对象。

● 按〈Tab〉键或〈Shift〉+〈Tab〉键在当前表单的各对象之间巡回移动焦点。

● 按热键选择对象。

5.〈Tab〉键序

TabIndex 属性决定控件接收焦点的顺序, TabStop 属性决定焦点是否能够停在该控件上。

当在表单上画出第一个控件时，VFP 分配给控件的 TabIndex 属性默认值为 0，第二个控件的 TabIndex 属性默认值为 1，第三个控件的 TabIndex 属性默认值为 2，依此类推。当用户在程序运行中按〈Tab〉键时，焦点将根据 TabIndex 属性值所指定的焦点移动顺序移动到下一个控件。通过改变控件的 TabIndex 属性值，可以改变默认的焦点移动顺序。

如果控件的 TabStop 属性设置为假(.F.)，则在运行中按〈Tab〉键选择控件时，将跳过该控件，并按焦点移动顺序把焦点移到下一个控件上。

6. 使用对话框实现数据输出

对话框是用户与应用程序之间交换信息的途径之一。使用对话框函数可以得到 VFP 的内部对话框，这种方法具有操作简单快捷的特点。

MESSAGEBOX 函数在对话框中显示信息，等待用户单击按钮，并返回一个整数以标明用户单击了哪个按钮。其语法格式为：

[〈变量名〉] = MESSAGEBOX(〈信息内容〉[,〈对话框类型〉][,〈对话框标题〉]])

说明：

(1)〈信息内容〉指定在对话框中出现的文本。在〈信息内容〉中使用硬回车符(CHR(13))可以使文本换行。对话框的高度和宽度随着〈信息内容〉的增加而增加，最多可有 1024 个字符。

(2)〈对话框类型〉指定对话框中出现的按钮和图标，一般有 3 个参数，这 3 种参数值可以相加以达到所需要的样式。其取值和含义见表 4-4。

表 4-4　对话框类型中各参数及其含义

参　数	值	说　明
参数 1 —— 出现按钮	0	确定按钮
	1	确定和取消按钮
	2	终止、重试和忽略按钮
	3	是、否和取消按钮
	4	是和否按钮
	5	重试和取消按钮
参数 2 —— 图标类型	16	停止图标
	32	问号(?)图标
	48	感叹号(!)图标
	64	信息图标
参数 3 —— 默认按钮	0	指定默认按钮为第一按钮
	256	指定默认按钮为第二按钮
	512	指定默认按钮为第三按钮

(3)〈对话框标题〉指定对话框的标题。若缺省此项，系统将使用默认标题"Microsoft Visual FoxPro"。

下述代码将显示图 4-9 所示的对话框：

```
msg = MESSAGEBOX ("请确认输入的数据是否正确！", 3 + 48 + 0, "数据检查")
```

(4) MESSAGEBOX( )函数的返回值指明在对话框中选择了哪个按钮，见表 4-5。

图 4-9　信息对话框

表 4-5　MESSAGEBOX( )函数的返回值

返回值	选定按钮
1	确定
2	取消
3	终止
4	重试
5	忽略
6	是
7	否

(5) 如果省略了某些可选项，必须加入相应的逗号分隔符。

(6) 省略〈变量名〉，将忽略返回值。

在程序运行的过程中，有时需要显示一些简单的信息如警告或错误等，此时可以利用"信息对话框"来显示这些内容。当用户接收到信息后，可以单击按钮关闭对话框，并返回单击的按钮值。

【例 4-6】　假设某储户到银行提取存款 x 元，试问银行出纳员应如何付款最佳(即各种面额钞票总张数最少)。

分析：可以从最大的面额(100 元)开始，算出所需的张数，然后再在剩下的部分算出较小面额的张数，直到最小面额(1 元)的张数。

设计步骤如下：

(1) 建立应用程序用户界面。

进入表单设计器，增加一个命令按钮 Command1、两个标签 Label1～Label2、一个文本框 Text1。

(2) 设置对象属性。

设置 Command1 的 Caption 属性为"最佳付款方案"，Default 属性为.T. —— 真。其他属性参见图 4-10 所示。

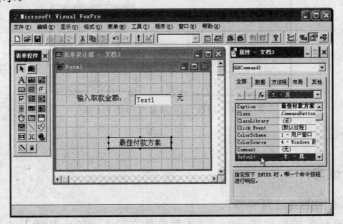

图 4-10　建立最佳付款方案用户界面

(3) 编写程序代码。

编写命令按钮 Command1 的 Click 事件代码：

```
x =VAL( THISFORM.Text1.Value)
y1 = INT(x / 100)                              &&   计算 100 元票张数
x = x - 100 * y1                               &&   求余额
y2 = INT(x / 50)                               &&   计算 50 元票张数
x = x - 50 * y2                                &&   求余额
y3 = INT(X/20)                                 &&   计算 20 元票张数
x = x - 20 * y3                                &&   求余额
y4 = INT(x / 10)                               &&   计算 10 元票张数
x = x - 10 * y4                                &&   求余额
y5 = INT(x / 5)                                &&   计算 5 元票张数
x = x - 5 * y5                                 &&   求余额
y6 = INT(x / 2)                                &&   计算 2 元票张数
x = x - 2 * y6                                 &&   求余额
y7 = x                                         &&   计算 1 元票张数
a = "===========================" + CHR(13)
a = a + STR(y1,3) + "张  百元票, " + STR(y2,3) + "张     50 元票" + CHR(13)
a = a + STR(y3,3) + "张  20 元票, " + STR(y4,3) + "张     10 元票" + CHR(13)
a = a + STR(y5,3) + "张   5 元票, " + STR(y6,3) + "张     2 元票" + CHR(13)
a = a + STR(y7,3) + "张   1 元票 "+ CHR(13)
a = a + "===========================" + CHR(13)
a = a + "共计      " + THISFORM.Text1.Value + "元"
MESSAGEBOX(a,0,"最佳付款方案")                   &&   利用对话框输出结果
THISFORM.Text1.SetFocus                        &&   设置焦点
```

运行程序，输入取款金额，单击命令按钮，将弹出图 4-11 所示的对话框。

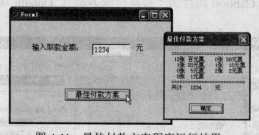

图 4-11　最佳付款方案程序运行结果

思考与练习

1. 实现数据输出的方法有哪些？
2. 试述 Label 标签控件和 TextBox 文本框控件在输入和输出功能上的异同。

3. 在表单 MyForm 中添加一个按钮 Command1，单击该按钮会做出某种操作，程序员必须编写的事件过程名字是_____。

4. 在文本框中输入小时、分、秒，转换成共有多少秒，然后将其输出。

任务 4.3　形状、容器和图像控件

任务导入

前面我们在设计程序界面中，使用了标签控件、文本框控件、命令按钮。使用这些控件可以设计简单的程序界面。如果界面中内容较多，就可以使用形状控件、容器控件来分组，另外，在界面上还可以添加形状控件、图像控件来美化界面。

本任务将学习在界面上使用形状控件、容器控件和图像控件的方法。

学习目标

(1) 能熟练使用形状(Shape)控件来为界面元素分组或美化程序界面。

(2) 能熟练使用容器(Container)控件对程序界面进行修饰。

(3) 能熟练使用图像(Image)控件美化程序界面。

任务实施

1. 形状控件

形状(Shape)控件可以在表单中产生圆、椭圆以及圆角或方角的矩形。在本节中，我们只利用"形状"对程序的界面作一定的修饰。

【例 4-7】　利用"形状"控件修饰例 4-4 的表单，如图 4-12 所示。

图 4-12　使用"形状"控件

在例 4-4 的基础上进行修改，步骤如下：

(1) 在例 4-4 的表单中画上一个"形状"控件 Shape1，如图 4-13 所示。

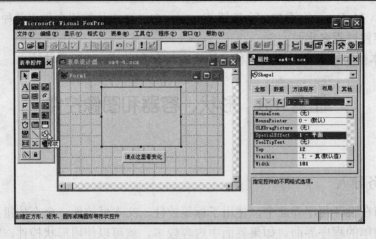

图 4-13　增加一个"形状"

(2) 修改 Shape1 的 SpecialEffect 属性为：0 — 3 维，然后单击"格式"菜单→"置后"命令，将其置于原有控件的后边，如图 4-14 所示。适当调整各控件的位置，即完成对原有表单的修饰。

图 4-14　设置 Shape 控件置后

2. 容器控件

由于容器(Container)控件的封装性与外形更具立体感，因此通常使用容器控件对程序界面进行修饰。

容器的封装性是指像表单一样可以在容器控件上面加上一些其他控件，这些控件随容器的移动而移动，其 Top 和 Left 属性都是相对于该容器而言，与表单无关。

【例 4-8】　编制程序输出生成指定范围内的 3 个随机数，如图 4-15 所示。

分析：随机函数 RAND( )可以返回一个(0, 1)区间中的随机小数。那么，RAND * a 则可以返回(0, a)区间中的随机实数(带小数)。

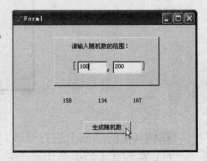

图 4-15　生成随机数

若 n，m 均为整数，则表达式：INT((m + 1 – n) * RAND( )) + n 的值是闭区间[n, m]中的一个随机整数。

设计步骤如下：

(1) 建立用户界面。

进入表单设计器，在表单中增加一个容器控件 Container1、一个命令按钮 Command1和 3 个标签 Label1～Label3。

用鼠标右键单击 Container1，在快捷菜单中选择"编辑"，Container1 控件的周围出现浅色边框，表示可以编辑该容器了。在其中增加两个文本框 Text1 和 Text2 以及一些标签。

(2) 设置控件属性。

修改对象属性，见表 4-6。

表 4-6　属　性　设　置

对　象	属性	属性值	说明
Command1	Caption	生成随机数	按钮的标题
Label1～Label3	Caption		标签的标题为空
Container1	SpecialEffect	0 – 凸起	

设置属性后的表单如图 4-16 所示。

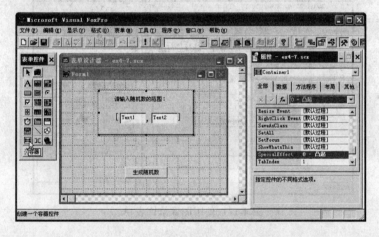

图 4-16　设置属性后的表单界面

(3) 编写程序代码。

编写 Command1 的 Click 事件代码：

```
THISFORM.Container1.Text1.SetFocus                          &&  设置焦点位置
n = VAL(THISFORM.Container1.Text1.Value)
m = VAL(THISFORM.Container1.Text2.Value)
THISFORM.Label1.Caption = STR(INT((m + 1 - n) * RAND()) + n,4)
THISFORM.Label2.Caption = STR(INT((m + 1 - n) * RAND()) + n,4)
THISFORM.Label3.Caption = STR(INT((m + 1 - n) * RAND()) + n,4)
```

运行程序，在文本框中输入范围值后，单击"生成随机数"按钮就可以生成指定范围内的随机整数。

3. 图像控件

图像(Image)控件允许在表单中添加图片(.bmp、.ico 文件)。图像控件与其他控件一样，具有属性、事件和方法程序。因此，在运行时可以动态地改变它。用户可以用单击、双击和其他方式来交互地使用图像。

图像控件的一些主要属性，见表 4-7。

表 4-7　图像控件的主要属性

属　　性	说　　明
Picture	要显示的图片(.BMP 或 .ICO 文件)
BorderStyle	图像是否具有可见边框
BackStyle	图像的背景是否透明
Stretch	如果 Stretch 设置为 0 — 剪裁，那么超出图像控件范围的部分图像将不显示；如果 Stretch 设置为 1 — 恒定比例，图像控件将保留图片的原有比例，并在图像控件中显示最大可能的图片；如果 Stretch 设置为 2 — 伸展，将图片调整到与图像控件的高度和宽度相匹配的尺寸

【例 4-9】　在例 4-6 中使用图像来修饰表单，如图 4-17 所示。

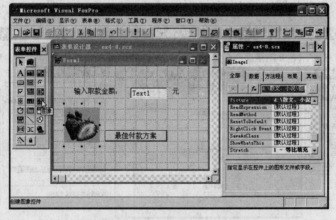

图 4-17　使用图像修饰表单

思考与练习

1. "鸡兔同笼"问题。鸡有 2 只脚，兔有 4 只脚，如果已知鸡和兔的总头数为 h，总脚数为 f。问笼中鸡和兔各有多少只？

2. 班上集体购买课外读物，在文本框中输入三种书的单价、购买数量，计算并输出所用的总金额。

技能训练

1. 设计两种形式的艺术标签：一种是投影式标签，一种是立体式标签，如图 4-18 所示。

2. 在文本框中输入弧度值，将弧度换算为角度值(度、分、秒)的形式，然后输出，如图 4-19 所示。例如，弧度值为 1.474919573，换算为角度的方法为：

① 先将弧度值变成十进制角度值，$1.474919573 \times (180/\pi) = 84.50666665$。

② 去掉整数部分 84，余 0.50666665。

③ 用 $0.50666665 \times 60 = 30.399999$。

④ 去掉 30，余 0.399999。

⑤ 用 $0.399999 \times 60 = 23.99994 \approx 24''$

⑥ 最后将 84、30、24 拼接成 84°30'24"。

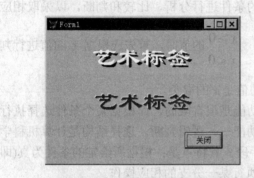

图 4-18　两种形式的立体标签

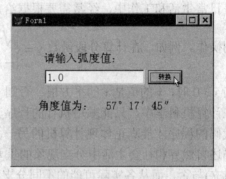

图 4-19　弧度值换算为角度值

3. 将上题改为利用对话框做输出。

4. 设计大小写转换的程序，如图 4-20 所示。在文本框中输入文本串，按"转大写"按钮，文本中的英文字母变为大写，按"转小写"按钮，文本中的英文字母变为小写。

图 4-20　大小写转换

第 5 章　选择结构程序设计

在日常生活和工作中，经常需要根据给定的条件进行分析、比较和判断，以采取相应的不同操作。例如，在计算分段函数 $y = \begin{cases} \sqrt{x} & x \geqslant 0 \\ -x & x < 0 \end{cases}$ 的值时，首先应根据 x 的值进行判断，当 $x \geqslant 0$ 时，y 的值是 x 的平方根；否则 y 的值是 x 的取负。

在计算机科学中，只能顺序执行的程序其功能是很有限的，而根据某个条件选择执行不同代码的程序才能真正体现计算机的另一大功能——逻辑判断。选择结构是计算机科学用来描述自然界和社会生活中分支现象的重要手段。其特点是：根据所给定的条件为真(即条件成立)与否，而从各实际可能的不同分支中执行某一分支的相应操作。

本章将学习实现选择结构程序设计的条件选择语句，以及常与选择结构程序设计结合使用的选择性控件，另外还将学习计时器与微调器控件的使用方法。主要内容包括：

(1) 使用条件选择语句 IF 和 DO CASE 进行选择结构程序设计。

(2) 选择性控件的界面设计和编程方法。

(3) 计时器和微调器控件的设计。

任务 5.1　条件选择语句

任务导入

在 VFP 中，实现分支结构的语句有两个：一是单条件选择语句 IF，二是多条件选择语句 DO CASE。这些语句又称为条件语句，条件语句的功能是根据表达式的值有条件地执行一组语句。

本任务将学习单条件选择语句 IF 和多条件选择语句 DO CASE 的语法，以及使用该语句进行选择结构程序设计的方法。

学习目标

(1) 理解选择结构的概念和特点。

(2) 能熟练使用单条件选择语句 IF 解决实际问题。

(3) 能熟练使用多条件选择语句 DO CASE 解决实际问题。

任务实施

1. 单条件选择语句 IF 的语法格式

单条件选择语句 IF 实现的是最常用的双分支选择，其特点是：根据所给定的选择条件(条件表达式)的值为真与否，来执行相应的分支。

单条件选择语句 IF 的语法格式为：

  IF　〈条件〉

   [〈语句列 1〉]

  [ELSE

   〈语句列 2〉]

  ENDIF

说明：

(1) IF、ELSE、ENDIF 必须各占一行。每一个 IF 都必须有一个 ENDIF 与之对应，即 IF 和 ENDIF 必须成对出现。

(2) ELSE 子句是可选的。

(3) 〈条件〉可以是条件表达式或逻辑表达式，根据〈条件〉的逻辑值进行判断。

(4) 如果〈条件〉为真(.T.)，就执行〈语句列 1〉。如果〈条件〉为假(.F.)，若有 ELSE 子句，则程序会执行 ELSE 部分的〈语句列 2〉；若无 ELSE 子句，则程序会直接转到 ENDIF 之后的语句继续执行。

(5) 〈语句列 1〉和〈语句列 2〉中还可以包含 IF 语句，称为 IF 语句的嵌套。要注意，每次嵌套中的 IF 语句必须与 ENDIF 成对出现。

【例 5-1】　输入 x，计算 y 的值。其中：

$$y = \begin{cases} \sqrt{x} & x \geqslant 0 \\ -x & x < 0 \end{cases}$$

分析：该题是数学中的一个分段函数，它表示当 $x \geqslant 0$ 时，用公式 $y = \sqrt{x}$ 来计算 y 的值，当 $x < 0$ 时，用公式 $y = -x$ 来计算 y 的值。在选择条件时，既可以选择 $x \geqslant 0$ 作为条件，也可以选择 $x < 0$ 作为条件。在这里选 $x \geqslant 0$ 作为选择条件，即当 $x \geqslant 0$ 为真时执行 $y = \sqrt{x}$，为假时执行 $y = -x$。

设计步骤如下：

(1) 建立应用程序用户界面与设置对象属性。

建立用户界面与设置对象属性，如图 5-1 所示。

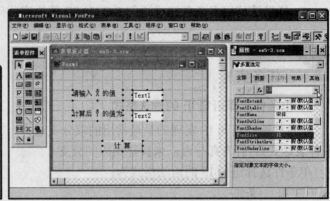

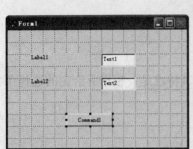

图 5-1　建立用户界面与设置对象属性

(2) 编写程序代码。

编写命令按钮 Command1 的单击(Click)事件代码为：

```
x = VAL(THISFORM.Text1.Value)
IF   x >= 0                          && 判断 x 的值
    y = SQRT(x)                      && 条件 x >= 0 为真时执行的操作
ELSE
    y = - x                          && 条件 x >= 0 为假时执行的操作
ENDIF
THISFORM.Text2.Value = y             && 将计算得到的 y 值显示在 Text2 中
THISFORM.Text2.ReadOnly = .T.        && 使 Text2 的内容不能被用户更改
```

运行程序，结果如图 5-2 所示。

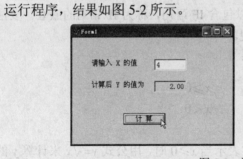

图 5-2　运行结果

【例 5-2】　输入 3 个不同的数，将它们从大到小排序。

分析：设这 3 个数分别为 a、b、c。

(1) 先将 a 与 b 比较，把较大数放入 a 中，较小数放 b 中。

(2) 再将 a 与 c 比较，把较大数放入 a 中，较小数放 c 中，此时 a 为三个数中的最大数。

(3) 最后将 b 与 c 比较，把较大数放入 b 中，较小数放 c 中，此时 a、b、c 已由大到小顺序排列。

设计步骤如下：

(1) 建立应用程序用户界面。

选择"新建"表单，进入表单设计器，增加 3 个文本框 Text1～Text3、一个命令按钮 Command1 和 4 个标签 Label1～Label4，如图 5-3 所示。

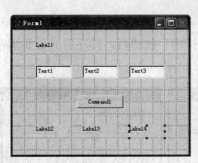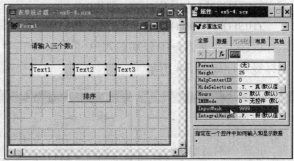

图 5-3　建立程序界面和设置属性

(2) 设置对象属性。

属性设置参见表 5-1。

表 5-1　属 性 设 置

对象	属性	属性值	说明
Command1	Caption	排序	按钮的标题
Label1	Caption	请输入三个数：	
Label2～Label4	Caption		为空
Text1～Text3	InputMask	9999	允许输入的最大值

(3) 编写程序代码。

编写命令按钮 Command1 的单击(Click)事件代码：

```
a = VAL(THISFORM.Text1.Value)

b = VAL(THISFORM.Text2.Value)

c = VAL(THISFORM.Text3.Value)

IF   b > a            &&   先将 a 与 b 比较，把较大者放入 a 中，小者放 b 中
  d = a
  a = b
  b = d
ENDIF

IF   c > a            &&   将 a 与 c 比较，把较大者放入 a 中，小者放 c 中
  d = a
  a = c
  c = d
ENDIF

IF   c > b            &&   将 b 与 c 比较，把较大者放入 b 中，小者放 c 中
  d = b
  b = c
  c = d
```

ENDIF

THISFORM.Label2.Caption = STR(a,4)

THISFORM.Label3.Caption = STR(b,4)

THISFORM.Label4.Caption = STR(c,4)

运行程序，在文本框中分别输入 3 个数，单击"排序"按钮后，排序后的数显示在下排 3 个标签中，如图 5-4 所示。

图 5-4　从大到小排序程序运行结果

【提示】

对于选择结构程序，在运行测试时一定要对每个分支都进行测试，才能保证程序的正确性。

2. 使用 IIF 函数

对于单条件选择结构，除了使用 IF 语句外，还可以使用 IIf 函数实现较简单的选择结构。IIf 函数的语法结构为：

　　　　Iif(〈条件〉, 〈真部分〉, 〈假部分〉)

说明：

(1) 本函数是先计算〈真部分〉和〈假部分〉表达式的值，再根据条件判断选择不同的计算结果。

(2)〈条件〉可以是条件表达式或逻辑表达式。

(3)〈真部分〉是当条件为真时函数返回的值，可以是任何表达式。

(4)〈假部分〉是当条件为假时函数返回的值，可以是任何表达式。

(5) 语句 y = IIf(条件, 真部分, 假部分) 相当于：

　　IF　条件

　　　y = 真部分

　　ELSE

　　　y = 假部分

　　ENDIF

【例 5-3】　编写程序，任意输入一个整数，判断该整数的奇偶性。

分析：判断某整数的奇偶性，就是检查该数是否能被 2 整除。若能被 2 整除，该数为偶数，否则为奇数。被 2 整除，可以利用 % 运算来完成，也可以利用 INT( ) 函数来实现。INT( ) 是求某数的整数部分，如果某数被 2 除后的值与该数除 2 后的整数部分相同，即 INT(x / 2) = x / 2，则表示该数为偶数，否则为奇数。

设计步骤如下：

(1) 建立应用程序用户界面，如图 5-5 左所示。

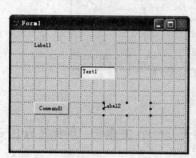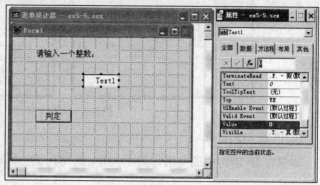

图 5-5　建立用户界面和设置对象属性

(2) 设置对象属性。

设置对象属性，见表 5-2。

表 5-2　对象属性设置

对象	属性	属性值	说明
Command1	Caption	判定	按钮的标题
	Default	.T.	默认按钮
Text1	Value	0	文本框的初值
Label1	Caption	请输入一个整数：	
Label2	Caption		
	FontName	黑体	字体名称
	FontSize	20	字体大小

其他属性的设置参见图 5-5 右所示。

(3) 编写程序代码。

编写命令按钮 Command1 的单击(Click)事件代码：

```
x = THISFORM.Text1.Value
y = IIF(x % 2=0,"偶数","奇数")                 &&  用 IIF 函数判断
THISFORM.Label2.ForeColor = RGB(255,0,0)       &&  前景色为红色
THISFORM.Label2.Caption = y
THISFORM.Text1.SetFocus
```

编写文本框 Text1 的 GotFocus 事件代码：

```
THISFORM.Text1.SelStart = 0
THISFORM.Text1.SelLength = LEN(THISFORM.Text1.Text)
```

运行程序如图 5-6 所示。

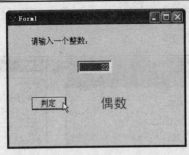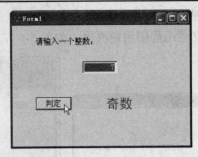

图 5-6　判断奇偶性

3. IF 语句的嵌套

如果在 IF 语句中的〈语句列 1〉或〈语句列 2〉本身又是一个 IF 语句，则称之为 IF 语句的嵌套。

【例 5-4】　某百货公司为了促销，采用购物打折的优惠办法，每位顾客一次购物：

(1) 在 1000 元以上者，按九五折优惠。

(2) 在 2000 元以上者，按九折优惠。

(3) 在 3000 元以上者，按八五折优惠。

(4) 在 5000 元以上者，按八折优惠。

编写程序，输入购物款数，计算并输出优惠价。

分析：设购物款数为 x 元，优惠价为 y 元，优惠付款公式为：

$$y = \begin{cases} x & (x < 1000) \\ 0.95x & (1000 \leq x < 2000) \\ 0.9x & (2000 \leq x < 3000) \\ 0.85x & (3000 \leq x < 5000) \\ 0.8x & (x \geq 5000) \end{cases}.$$

设计步骤如下：

(1) 建立应用程序用户界面与设置对象属性。

建立应用程序用户界面与设置对象属性，如图 5-7 所示。

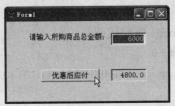

图 5-7　优惠付款程序运行结果

(2) 编写程序代码。

编写命令按钮 Command1 的单击(Click)事件代码为：

```
x = THISFORM.Text1.Value
IF   x < 1000                    &&   1000 元以下不优惠
    y = x
ELSE
    IF   x < 2000                &&   1000 元以上，2000 元以下，九五折优惠
        y = 0.95 * x
    ELSE
        IF   x < 3000            &&   2000 元以上，3000 元以下，九折优惠
            y = 0.9 * x
        ELSE
            IF   x < 5000        &&   3000 元以上，5000 元以下，八五折优惠
                y = 0.85 * x
            ELSE                 &&   5000 元以上，八折优惠
                y = 0.8 * x
            ENDIF
        ENDIF
    ENDIF
ENDIF
THISFORM.Text2.Value = y
THISFORM.Text2.ReadOnly = .T.
THISFORM.Text1.SelStart = 0
THISFORM.Text1.SelLength = LEN(THISFORM.Text1.Text)
THISFORM.Text1.SetFocus
```

运行结果如图 5-7 所示。

【例 5-5】　求一元二次方程 $ax^2 + bx + c = 0$ 的根。

分析：根据一元二次方程的系数 a、b、c 的取值，有以下几种情况：

(1) 当 $a \neq 0$ 时，有两个根。

设 delta $= b^2 - 4ac$：

当判别式 delta > 0 时，有两个不同的实根。

当判别式 delta $= 0$ 时，有两个相同的实根。

当判别式 delta < 0 时，有两个不同的虚根。

(2) 当 $a = 0$，$b \neq 0$ 时，有一个根。

(3) 当 $a = 0$，$b = 0$ 时，方程无意义。

设计步骤如下：

(1) 建立应用程序用户界面与设置对象属性，如图 5-8 所示。

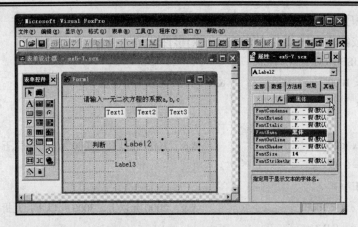

图 5-8　建立应用程序用户界面和设置对象属性

(2) 编写代码。

编写命令按钮 Command1 的 Click 事件代码：

```
a = VAL(THISFORM.Text1.Value)

b = VAL(THISFORM.Text2.Value)

c = VAL(THISFORM.Text3.Value)

IF   a <> 0                                         && 有两个根

  delta = b ^ 2 - 4 * a * c

  re = -b / (2 * a)

  IF   delta > 0                                   && 方程有两个实根

    sb = SQRT(delta) / (2 * a)

    THISFORM.Label2.Caption = "方程有两个实根"

    p1 = "x1 = " + STR(re + sb,9,4)

    p2 = "x2 = " + STR(re - sb,9,4)

    THISFORM.Label3.Caption = p1 + CHR(13) + p2

  ELSE

    IF   delta = 0                                 && 方程有两相等实根

      THISFORM.Label2.Caption = "方程有两个相等实根"

      THISFORM.Label3.Caption = "x1 = x2 = " + STR(re,9,4)

    ELSE                                           && 方程有两个虚根

      xb = SQRT(-delta) / (2 * a)

      THISFORM.Label2.Caption = "方程有两个虚根"

      p1 = "x1 = " + STR(re,7,3) + "+" + IIF(xb = 1, "", STR(xb,7,3)) + "i"

      p2 = "x2 = " + STR(re,7,3) + "-" + IIF(xb = 1, "", STR(xb,7,3)) + "i"

      THISFORM.Label3.Caption = p1 + CHR(13) + p2

    ENDIF

  ENDIF

ELSE
```

```
IF   b <> 0                                    &&   方程仅有一个根
    ygz = -b / c
    THISFORM.Label2.Caption = "方程仅有一个根"
    THISFORM.Label3.Caption = "x=" + STR(ygz)
ELSE                                           &&   方程无意义
    THISFORM.Label2.Caption = "方程无意义！"
    THISFORM.Label3.Caption = ""
ENDIF
ENDIF
```

运行程序，在文本框中输入方程的系数，按"判断"按钮即可判断方程有无实根等情况，并且求出根来，如图 5-9 所示。

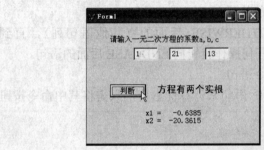 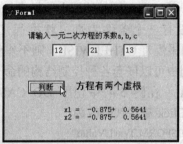

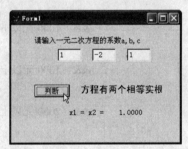

图 5-9 求一元二次方程的根

4. 多条件选择语句 DO CASE

虽然使用 IF 语句嵌套的办法可以实现多分支选择，但这样用 IF 语句编写的程序较长，程序可读性明显降低。为此 VFP 提供了多分支条件选择语句(DO CASE 语句)来实现多分支选择结构。

多分支选择结构的根本特点是：从多个分支中，选择第一个条件为真的路线作为执行的路线。

DO CASE 语句的语法格式为：

```
DO   CASE
    CASE〈条件 1〉
        〈语句列 1〉
    [CASE〈条件 2〉
        〈语句列 2〉]
```

　　...
　　[OTHERWISE
　　　　〈其他语句列〉]
　　ENDCASE
　　说明:
　　(1) DO CASE、CASE、OTHERWISE 和 ENDCASE 必须各占一行。每个 DO CASE 必须有一个 ENDCASE 与之对应，即 DO CASE 和 ENDCASE 必须成对出现。
　　(2) 〈条件〉可以是条件表达式或逻辑表达式。
　　(3) 在执行 DO CASE 语句时，依次判断各〈条件〉是否满足。若〈条件 1〉的值为真 (.T.)，就执行相应的〈语句列 1〉，直到遇到下一个 CASE、OTHERWISE 或 ENDCASE。
　　(4) 相应的〈语句列 1〉执行后不再判断其他〈条件〉，直接转向 ENDCASE 后面的语句。因此，在一个 DO CASE 结构中，最多只能执行一个 CASE 子句。
　　(5) 如果没有一个条件为真，就执行 OTHERWISE 后面的〈其他语句列〉，直到 ENDCASE。如果没有 OTHERWISE，则不作任何操作就转向 ENDCASE 后面的语句。
　　(6) 语句列中可以嵌套各种控制结构的命令语句。
　　【例 5-6】　在例 5-4 中使用 DO CASE 语句来计算优惠价，只需将其中命令按钮 Command1 的 Click 事件代码改为:

```
x = THISFORM.Text1.Value
DO  CASE
    CASE  x < 1000                      &&  1000 元以下不优惠
       y = x
    CASE  x < 2000                      &&  1000 元以上, 2000 元以下, 九五折优惠
       y = 0.95 * x
    CASE  x < 3000                      &&  2000 元以上, 3000 元以下, 九折优惠
       y = 0.9 * x
    CASE  x < 5000                      &&  3000 元以上, 5000 元以下, 八五折优惠
       y = 0.85 * x
    OTHERWISE                           &&  5000 元以上, 八折优惠
       y = 0.8 * x
ENDCASE
THISFORM.Text2.Value = y
THISFORM.Text2.ReadOnly = .T.
THISFORM.Text1.SelStart = 0
THISFORM.Text1.SelLength = LEN(THISFORM.Text1.Text)
THISFORM.Text1.SetFocus
```

　　说明：程序运行结果与例 5-4 相同，但是代码却简明多了。
　　【例 5-7】　设计模拟抽奖机游戏。由抽奖者输入一个数字 1~5，确定抽奖者获得的奖品是什么。
　　分析：在抽奖机中，当用户输入一个选择时，就相应地给出奖品。这个过程，可以考

虑用 DO CASE 命令来实现。

设计步骤如下：

(1) 建立应用程序用户界面与设置对象属性，如图 5-10 所示。

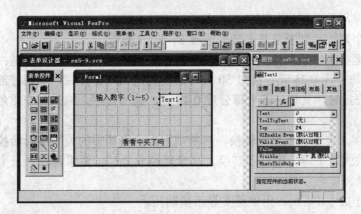

图 5-10 抽奖机用户界面

(2) 编写代码。

编写命令按钮 Command1 的 Click 事件代码：

```
x = THISFORM.Text1.Value
DO   CASE
  CASE   x = 1
    y = "恭喜恭喜！您获得了 4000 元奖品！"
  CASE   x = 2
    y = "恭喜恭喜！您获得 500 元奖品！"
  CASE   x = 3
    y = "谢谢您的参与，再来一次吧！"
  CASE   x = 4
    y = "恭喜恭喜！您获得了 2000 元奖品！"
  CASE   x = 5
    y = "恭喜恭喜！您获得了 300 元奖品！"
ENDCASE
MESSAGEBOX( y, 0 + 48, "结果出来了！")
```

程序运行结果如图 5-11 所示。

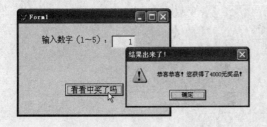 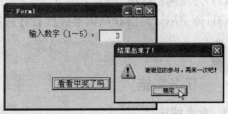

图 5-11 抽奖机游戏

思考与练习

1. VFP 中常用的选择语句有哪些？各适用于什么情况？

2. 输入一个整数，判断它是否能同时被 3、5、7 整除。

3. 铁路托运行李，从甲地到乙地，规定每张客票托运费的计算方法是：行李重量不超过 50 公斤时，每公斤 0.25 元；超过 50 公斤而不超过 100 公斤时，其超过部分每公斤 0.35 元；超过 100 公斤时，其超过部分每公斤 0.45 元。编写程序，输入行李重量，计算并输出托运费用。

4. 编写程序，实现输入字符转换。转换规则为，将其中的大写字母转换成小写字母，小写字母转换成大写字母，空格不转换，其余转换成"*"。要求每输入一个字符，马上就进行判断和转换。

5. 输入一个数字(0～6)，用中英文显示星期几。

6. 给定年号与月份，判断该年是否闰年，并根据给出的月份来判断是什么季节和该月有多少天？(闰年的条件是：年号能被 4 整除但不能被 100 整除，或者能被 400 整除)

任务 5.2　选择性控件、计时器、微调器

任务导入

大多数应用程序都需要向用户提供选择，如简单的"Yes/No"选项，或者从包含多个选项的列表中进行选择。VFP 提供的选择性控件有命令按钮组和选项按钮组、复选框等。命令按钮组与选项按钮组都属于容器类控件，它们分别包含一些命令按钮和选项按钮，可以为用户执行多种任务，或者提供多种选择。复选框也经常成组使用，以实现多项选择。另外，在编程中还会使用到一些其他的控件，如计时器、微调器控件等。

本任务将学习选择性控件和计时器、微调器控件的编程和实现方法。

学习目标

(1) 能熟练使用命令按钮组、选项按钮组、复选框设计界面和编写程序。
(2) 会使用键盘事件。
(3) 会使用计时器和微调器控件设计程序。

任务实施

1. 命令按钮组

如果表单上需要使用多个命令按钮，可以将这些命令按钮组合为一组，即命令按钮组

(Commandgroup)。使用命令按钮组可以使程序代码更为简洁，界面更加整齐。

命令按钮组是一个容器对象，其中包含命令按钮，它的层次性如图 5-12 所示。

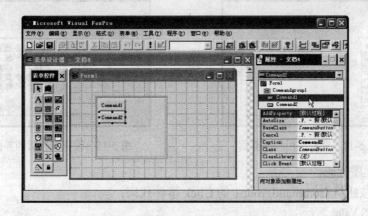

图 5-12 命令按钮组的层次性

命令按钮组中各命令按钮的用法与前述单个命令按钮的用法相同。此外，还可以将代码加入到命令按钮组的 Click 事件代码中，让组中所有命令按钮的 Click 事件使用同一个过程代码。

命令按钮组的 Value 属性指示单击了哪个按钮。

命令按钮组的 ButtonCount 属性用来设置命令按钮组中按钮的个数，ButtonCount 属性的默认值为 2。

【例 5-8】 利用命令按钮组，设计模拟抽奖机游戏，如图 5-13 所示。

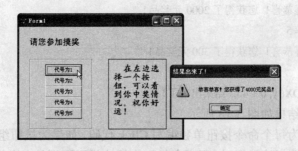

图 5-13 利用命令按钮组设计模拟抽奖机游戏

设计步骤如下：

(1) 建立应用程序用户界面。

进入表单设计器，增加一个命令按钮组 Commandgroup1、一个形状控件 Shape1、两个标签控件 Label1 和 Label2。

将命令按钮组 Commandgroup1 的 ButtonCount 属性改为 5，如图 5-14 所示。

(2) 设置对象属性。

命令按钮组是个容器类控件，用鼠标右键单击命令按钮组 Commandgroup1，在弹出菜单中选择"编辑"，"容器" Commandgroup1 周围出现浅绿色边界，表示开始编辑该容器。此时，可以依次选择其中的命令按钮，设置其各项属性。

各控件属性的设置参见图 5-15 所示。

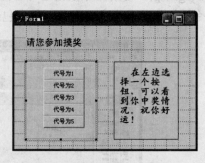

图 5-14　建立应用程序界面　　　　图 5-15　设置属性后的界面

(3) 编写程序代码。

编写命令按钮组 Commandgroup1 的 Click 事件代码：

```
x=THIS.Value
DO   CASE
   CASE   x = 1
      y = "恭喜恭喜！您获得了 4000 元奖品！"
   CASE   x = 2
      y = "恭喜恭喜！您获得 500 元奖品！"
   CASE   x = 3
      y = "谢谢您的参与，再来一次吧！"
   CASE   x = 4
      y = "恭喜恭喜！您获得了 2000 元奖品！"
   CASE   x = 5
      y = "恭喜恭喜！您获得了 300 元奖品！"
ENDCASE
MESSAGEBOX( y, 0 + 48, "结果出来了！")
```

(4) 运行程序，结果如图 5-13 所示。

说明：可以分别为每个命令按钮单独编写 Click 代码。如果为按钮组中某个按钮的 Click 事件编写了代码，当选择该按钮时，程序会优先执行该代码而不是命令组的 Click 事件代码。

2. 按钮组生成器

利用按钮组生成器可以更方便地设计命令按钮组。在例 5-8 中，可以使用"按钮组生成器"来设置命令按钮组的各项属性，操作步骤为：

(1) 用鼠标右键单击命令按钮组控件 CommandGroup1，在快捷菜单中选择"生成器"，如图 5-16 所示，打开"命令组生成器"对话框。

(2) 在"命令组生成器"对话框的"按钮"选项卡中，修改"按钮的数目"为 5，这相当于在属性窗口修改 ButtonCount 属性为 5。然后依次修改按钮的"标题"(Caption 属性)。如果要设计图文并茂的按钮，可以在"图形"栏中填入图形文件的路径与名称，或单击"图形"栏右边的"..."按钮，查找所需要的图形文件。

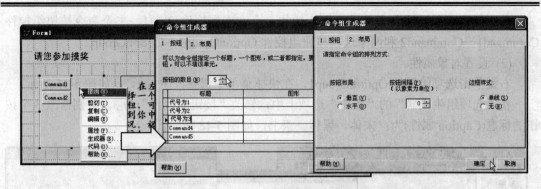

图 5-16　"命令组生成器"对话框

(3) 在"布局"选项卡中，可以指定命令按钮组的排列方式，如水平或垂直、有无边框等。将"按钮间隔"微调器的值调整为 0，除去各命令按钮间的间隔。

(4) 单击"确定"按钮退出命令组生成器。

3. 选项按钮组

选项按钮组是一组相互排斥的选项按钮(或称为单选按钮)。选项按钮(OptionButton)的左边有一个"○"。一般来说，选项按钮总是成组(选项按钮组)出现，用户在一组选项按钮中必须选择一项，并且最多只能选择一项。当某一项被选定后，其左边的圆圈中会出现一个黑点。选项按钮主要用于在多种功能中由用户选择一种功能的情况。

创建选项按钮组时，系统仅提供两个选项按钮，通过改变 ButtonCount(按钮数)属性，可以增加选项按钮数目。

选项按钮组是一个容器类控件，设计时，用鼠标右键单击选项按钮组，从快捷菜单中选择"编辑"，此时，选项按钮组的周围出现浅色边界，即可对选项按钮组内的选项按钮进行编辑。当然，设计选项组最方便的办法仍是"生成器"。

【例 5-9】　利用选项按钮组控制文本的字型和字号。

分析：在表单中建立两组选项按钮，分别放在"字型"和"字号"的选项按钮组中，如图 5-17 所示。例如，当选定了"黑体"单选钮，还可以选定"14 号"单选钮。该应用程序运行时，只有当用户选定了字型和字号，再选择"确定"按钮后，文本框的字型和字号才改变。

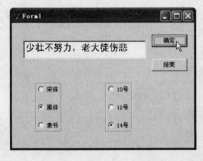
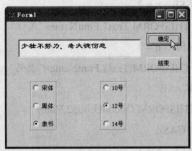

图 5-17　用选项按钮组控制文本的字型和字号

设计步骤如下：

(1) 建立应用程序用户界面。

选择新建表单，进入表单设计器，增加一个文本框控件 Text1、二个命令按钮组控件 Command1～Command2 和两个选项按钮组控件 OptionGroup1～OptionGroup2。

(2) 设置对象属性。

右键单击选项组控件 OptionGroup1，在快捷菜单中选择"生成器"，如图 5-16 所示。

在"选项组生成器"的"按钮"选项卡中，修改"按钮的数目"为 3，分别修改 3 个按钮的标题(Caption 属性)为：宋体、黑体、隶书，如图 5-18 所示。

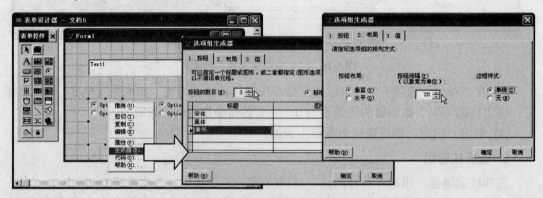

图 5-18　利用"选项组生成器"设计选项按钮组

在"选项组生成器"的"布局"选项卡中，设置"按钮布局"为垂直，并适当设置按钮间隔。然后单击"确定"按钮退出"选项组生成器"。

同样地设置选项组控件 OptionGroup2。各控件属性的设置可以参照图 5-18 所示。

(3) 编写程序代码。

编写表单的 Activate 事件代码：

```
THIS.Text1.SetFocus
```

编写"确定"按钮 Command1 的 Click 事件代码：

```
n = THISFORM.OptionGroup1.Value
DO   CASE
   CASE   n = 1
      THISFORM.Text1.FontName="宋体"
   CASE   n = 2
      THISFORM.Text1.FontName="黑体"
   CASE   n = 3
      THISFORM.Text1.FontName="隶书"
ENDCASE
b = THISFORM.OptionGroup2.Value
DO   CASE
   CASE   b = 1
      THISFORM.Text1.FontSize=10
   CASE   b = 2
      THISFORM.Text1.FontSize=12
```

```
    CASE   b = 3
        THISFORM.Text1.FontSize=14
    ENDCASE
```

编写"结束"按钮 Command2 的 Click 事件代码：

```
    THISFORM.Release
```

运行程序，结果如图 5-17 所示。

4. 选项组的图形方式

可以将选项组设计成图形按钮的形式。

下面将例 5-9 中的选项按钮组设计成图形按钮的形式，其设计步骤同上例，这里只介绍选项组的修改方法。

如图 5-19 所示，可以在"选项组生成器"对话框的"按钮"选项卡中，选中"图形方式"，单击"…"按钮，在弹出的"打开图片"对话框中选择某个图片。

图 5-19　通过"选项组生成器"设计图形按钮

另外，也可以通过属性窗口对选项按钮进行修改，操作步骤为：

(1) 用鼠标右键单击选项组 OptionGroup1，在快捷菜单中选择"编辑"，OptionGroup1 的四周出现浅色边界，开始对选项组(容器)中的按钮进行编辑。

(2) 依次选中 3 个按钮 Option1～Option3，将其标题(Caption)属性改为：(空)，自动大小(AutoSize)属性改为：.F. — 假，图片(Picture)属性通过浏览按钮"…"进行查找，并分别改为不同的图片，如图 5-20 所示。

(3) 最后适当调整按钮的大小与相互位置。

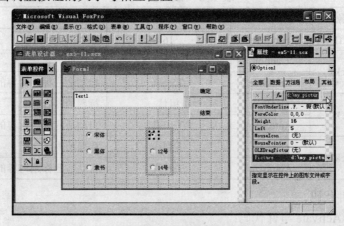

图 5-20　通过属性窗口设置选项按钮为图形方式

5. 复选框

选项按钮组的作用是"多中选一",当需要同时选择多项时,可以采用多个复选框控件。

复选框(CheckBox)的左边有一个"□"。在复选框列出可供用户选择的选项,用户根据需要选定其中的一项或多项。当某一项被选中后,其左边的小方框中就多了一个对号"√"。

复选框的 Caption 属性可以指定出现在复选框旁边的文本中,而 Picture 属性用来指定在当复选框被设计成图形按钮时的图像。

复选框的状态由其 Value 属性决定:

0 或 .F. —— 假

1 或 .T. —— 真

2 或 .NULL. —— 暗

Value 属性反映最近一次指定的数据类型,可以设置为逻辑型或数值型。用户可以按〈Ctrl〉+〈O〉键,使复选框变暗(.NULL.)。

一般情况下,复选框总是成组出现,用户可以从中选择一个或多个选项。

【例 5-10】 利用复选框来控制文本的字体风格,如图 5-21 所示。

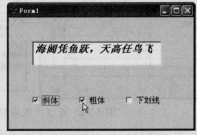

图 5-21 利用复选框控制文本的字体风格

设计步骤如下:

(1) 选择新建表单,进入表单设计器,增加一个文本框控件 Text1、3 个复选框控件 Check1、Check2 和 Check3。

(2) 设置对象属性,见表 5-3。

表 5-3 属 性 设 置

对象	属性	属性值	说 明
Text1	FontSize	16	字体的大小
Check1	Caption	斜体	标题的内容
	AutoSize	.T.—真	自动适应标题内容的大小
Check2	Caption	粗体	标题的内容
	AutoSize	.T.—真	自动适应标题内容的大小
Check3	Caption	下划线	标题的内容
	AutoSize	.T.—真	自动适应标题内容的大小

(3) 编写事件代码。

编写表单的 Activate 事件代码:

THIS.Text1.SetFocus

编写 Check1 的 Click 事件代码：

THISFORM.Text1.FontItalic=.T.　　　　　　　　　　　　&&　FontItalic 为斜体字属性

编写 Check2 的 Click 事件代码：

THISFORM.Text1.FontBold=.T.　　　　　　　　　　　　&&　FontBold 为粗体字属性

编写 Check3 的 Click 事件代码：

THISFORM.Text1.FontUnderLine=.T.　　　　　　　　&&　FontUnderLine 为下划线属性

运行程序，如图 5-21 所示，可以分别选择粗体、斜体和下划线修饰，也可以同时选择其中的两项或三项。

6．键盘事件

在 VFP 中经常使用键盘事件(KeyPress)来响应各种按键操作。通过编写键盘事件的代码，可以响应和处理大多数的按键操作、解释并处理 ASCII 字符。

KeyPress 事件在当用户按下并松开某个键时发生。其语法为：

LPARAMETERS　nKeyCode, nShiftAltCtrl

说明：

(1) nKeyCode 是一个数值，一般表示被按下字符键的 ASCII 码。特殊键和组合键的编码，参见表 5-4。

表 5-4　特殊键和组合键的编码

键名	单键	Shift	Ctrl	Alt
Ins	22	22	146	162
Del	7	7	147	163
Home	1	55	29	151
End	6	49	23	159
PgUp	18	57	31	153
PgDn	3	51	30	161
上箭头	5	56	141	152
下箭头	24	50	145	160
左箭头	19	52	26	155
右箭头	4	54	2	157
Esc	27	-/27	-/27	-/1
Enter	13	13	10	-/166
BackSpace	127	127	127	14
Tab	9			
SpaceBar	32	32	32/-	57

(2) nShiftAltCtrl 参数表示按下的组合键(〈Shift〉、〈Ctrl〉、〈Alt〉)。表 5-5 列出了单独的组合键在 nShiftAltCtrl 中返回的值。

表 5-5 组合键的编码

键名	值
Shift	1
Ctrl	2
Alt	4

(3) 只有具有焦点的对象才能接收该事件。

(4) 任何与〈Alt〉的组合键，不发生 KeyPress 事件。

【例 5-11】 输入圆的半径 r，利用选项按钮计算圆面积、周长，如图 5-22 所示。

图 5-22 利用选项按钮选择运算

设计步骤如下：

(1) 建立应用程序用户界面。

进入表单设计器，增加一个选项按钮组控件 OptionGroup1、一个文本框 Text1、二个标签控件 Label1～Label2，如图 5-22 所示。

(2) 设置对象属性。

用鼠标右键单击选项按钮组 OptionGroup1，在快捷菜单中选择"编辑"，选项按钮组 OptionGroup1 周围出现浅绿色边界，表示开始编辑该容器。此时，可以依次选择其中的选项按钮，设置各控件属性。

各控件属性的设置可以参照图 5-22 和表 5-6。

表 5-6 属 性 设 置

对象	属性	属性值	说明
Label1	Caption	请输入圆的半径：	
OptionGroup1	ButtonCount	3	选项按钮个数
Option1	Caption	面积	
Option2	Caption	周长	
Option3	Caption	面积与周长	

(3) 编写代码。

编写文本框的按键(KeyPress)事件代码：

```
LPARAMETERS nKeyCode, nShiftAltCtrl
IF nKeyCode = 13
    r = VAL(THIS.Value)
    DO CASE
```

```
    CASE THISFORM.OptionGroup1.Value = 1
        n = PI() * r * r
        THISFORM.Label2.Caption = "圆的面积为：" + STR(n,12,4)
    CASE THISFORM.OptionGroup1.Value = 2
        n = 2 * PI() * r
        THISFORM.Label2.Caption = "圆的周长为：" + STR(n,12,4)
    CASE THISFORM.OptionGroup1.Value = 3
        n = PI() * r * r
        m = 2 * PI() * r
        THISFORM.Label2.Caption = "圆的面积为：" + STR(n,12,4) + CHR(13) ;
            + "圆的周长为：" + STR(m,12,4)
    ENDCASE
    THIS.SelStart = 0
    THIS.SelLength = LEN(ALLT(THIS.Text))
ENDIF
```

编写表单的 Activate 事件代码：

```
THIS.Text1.SetFocus
```

编写选项按钮组 OptionGroup1 的 Click 事件代码：

```
THISFORM.Text1.KeyPress(13)
```

在表单中，还可以同时使用不同的选项按钮组来控制不同的选择。

7. 计时器

Timer(计时器)控件能有规律地以一定的时间间隔激发计时器事件(Timer)而执行相应的事件代码。计时器控件在设计时显示为一个小时钟图标，而在运行时并不显示在屏幕上，通常用标签来显示时间。

计时器控件的主要属性见表 5-7。

表 5-7　Timer 控件的主要属性

属　性	说　明
Enabled	该属性为 True 时，定时器开始工作，为 False 时暂停
Interval	该属性设置计时器触发的周期(以毫秒计)，取值范围为 0～64 767

其中 Interval(时间间隔)属性是一个非常重要的属性，表示两个计时器事件之间的时间间隔，其值以毫秒(ms)为单位，介于 0～64 767 ms 之间，所以最大的时间间隔约为 1.5 min。当 Interval 为 0 时表示屏蔽计时器。如果希望每一秒产生一个计时器事件，那么 Interval 属性值应设为 1000，这样每隔 1000 ms(即 1 s)就激发一次计时器事件，从而执行相应的 Interval 事件过程。

利用 VFP 的计时器控件，可以很方便地设计一个数字时钟。

【例 5-12】　设计一个数字时钟。

设计步骤如下：

(1) 建立用户界面。

在表单上建立一个计时器控件和两个标签控件，如图 5-23 所示。

(2) 设置对象属性，见表 5-8。其他属性参见图 5-23 所示。

表 5-8 属 性 设 置

对象	属性	属性值
Label1	Caption	当前时间为：
Label2	BackColor	白色
	BordeStyle	1 — 固定单线
	Alignment	2 — 中央
Timer1	Interval	1000

(3) 编写事件代码。

编写计时器控件 Timer1 的 Timer 事件代码：

```
THISFORM.Label2.Caption = SUBSTR(TTOC(DATETIME()),11)
```

程序运行结果如图 5-24 所示。

图 5-23　建立数字时钟用户界面　　　图 5-24　数字时钟

说明：

(1) DATETIME( )是日期时间函数，返回系统当前的日期与时间。

(2) 函数 TTOC(日期时间表达式) 是类型转换函数，将日期时间表达式转换成"MM-DD-YYYY HH:MM:SS"格式的字符串。

8. 微调器

Spinner(微调器)控件可以在一定范围内控制数据的变化。除了能够用鼠标单击控件右边向上和向下的箭头来增加和减少数字以外，还能像编辑框那样直接输入数值数据。

如图 5-25 所示，微调器的主要属性有：

(1) KeyboardHighValue 和 KeyboardLowValue 属性：用来控制用户通过键盘输入的值。

(2) SpinnerHighValue 和 SpinnerLowValue 属性：用来控制用户通过鼠标单击箭头获得的值。

(3) Increment 属性：用来设定数值增加或减少的量。如果需要颠倒箭头的功能(向上箭头减少，向下箭头增加)，可以把 Increment 设为负数。

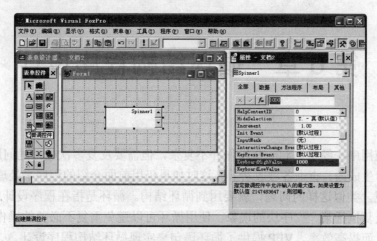

图 5-25　微调器的主要属性

思考与练习

1. 编制程序。利用选项组控制文本框中文本的对齐方式(左对齐、居中、右对齐)与字体(宋体、隶书、黑体、楷体)。

2. 在表单上设计一个数字时钟，并能实现 24 小时制和 12 小时制之间的转换。

3. 设计一个电子移动字幕。要求文本内容能在表单中自右至左地反复移动，单击"暂停"按钮停止移动，这时按钮变成"继续"。单击"继续"按钮继续移动，按钮变回"暂停"(提示：利用计时器控件)。

技能训练

使用不同的设计方法设计计算器。要求：

(1) 使用 IF 语句或 DO CASE 语句设计计算器，如图 5-26(a)所示。

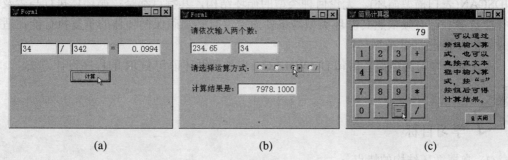

(a)　　　　　　　　　　　　　(b)　　　　　　　　　　　　　(c)

图 5-26　计算器

(2) 使用选择按钮组设计计算器，如图 5-26(c)所示。

(3) 使用命令按钮组设计计算器。

第 6 章　循环结构程序设计

在实际应用中，经常遇到一些操作并不复杂，但需要反复多次处理的问题，例如输出某班不及格学生成绩、查询各项收费等。这时如果仍用前面介绍的程序来处理就会很繁琐，甚至难以实现。类似这样的问题，就要用到循环结构。循环是指在程序设计中，从某处开始有规律地反复执行某一程序块的现象。使用循环可以避免重复不必要的操作，简化程序，节约内存，从而提高效率。VFP 提供了循环语句来实现循环结构程序设计。

本章将学习循环结构程序设计的实现方法，以及列表框、组合框、页框的设计。主要内容包括：

(1) 利用 DO WHILE 循环实现不固定循环次数的循环结构程序设计。

(2) 利用 FOR 循环实现固定循环次数的循环结构程序设计。

(3) 列表框、组合框、页框控件的程序设计方法。

任务 6.1　循环结构语句

任务导入

程序设计中的循环结构(简称循环)是指在程序中，从某处开始有规律地反复执行某一操作块(或程序块)的现象。被重复执行的该操作块(或程序块)称为循环体。VFP 提供了 3 种循环语句：DO WHILE ... ENDDO(当型循环)、FOR ... ENDFOR(步长型循环)、SCAN ... ENDSCAN(表扫描型循环)。无论何种类型的循环结构，其特点都是：循环体执行与否及其执行次数多少都必须依照其循环类型与条件而定，且必须确保循环体的重复执行能在适当的时候得以终止(即非死循环)。

本任务将学习当型循环语句 DO WHILE、步长型循环语句 FOR 的程序设计方法。

学习目标

(1) 掌握循环结构的特点。

(2) 理解循环结构的程序执行过程。

(3) 能熟练使用当型循环语句 DO WHILE 进行程序设计。

(4) 能熟练使用步长型循环语句 FOR 进行程序设计。

任务实施

1. 当型循环语句 DO WHILE 的语法格式

如果需要在某一条件满足时反复执行某一操作，可以使用当型循环(DO WHILE)结构。其语法格式为：

```
DO  WHILE〈条件〉
    [〈命令列〉]
    [EXIT]
    [LOOP]
ENDDO
```

说明：

(1) 〈条件〉可以是条件表达式或逻辑表达式。程序执行时，根据〈条件〉的逻辑值进行判断。如果〈条件〉的值为.T.，则执行 DO WHILE 和 ENDDO 之间的循环体；如果〈条件〉的值为.F.，则结束循环，转去执行 ENDDO 之后的命令。

每执行一遍循环体，程序自动返回到 DO WHILE 语句，判断一次〈条件〉。

(2) 〈命令列〉是当〈条件〉为真时反复执行的命令组，即循环体。

(3) EXIT 是无条件结束循环命令，使程序强制跳出 DO WHILE…ENDDO 循环，转去执行 ENDDO 后的下一条命令。EXIT 只能在循环结构中使用，但是可以放在 DO WHILE … ENDDO 中任何地方。

(4) LOOP 是无条件循环命令，使程序强制转回到 DO WHILE 语句，不再执行 LOOP 和 ENDDO 之间的命令。LOOP 也只能在循环结构中使用。

(5) DO WHILE、ENDDO 必须各占一行。每一个 DO WHILE 都必须有一个 ENDDO 与其对应，即 DO WHILE 和 ENDDO 必须成对出现。

2. 当型循环结构的特点

"当型"循环结构的根本特点是：当所给定的循环条件为真时，反复执行其循环体；当该条件为假时，则终止执行其循环体，而去执行其后继命令。显然，若循环初始条件为假时，则不执行其循环体，故它的循环体执行次数最少为零。

使用当型循环结构可以事先并不清楚循环的次数，但应知道什么时候结束循环的执行。

为使程序最终能退出 DO WHILE 命令引起的循环，在没有使用 EXIT 的情况下，在每次程序的循环过程中必须修改程序给出的循环条件，否则程序将永远退不出循环，这种情况称做无限循环或死循环。在程序中要避免出现无限循环。

3. DO WHILE 语句使用示例

【例 6-1】　利用循环语句，求 $1 + 2 + 3 + \cdots + 100$ 的值。

分析：可以采用累加的方法，用变量 s 来存放累加的和(开始为 0)，用变量 n 来存放"加数"(加到 s 中的数)。这里 n 又称为计数器，从 1 开始到 100 为止。

设计步骤如下：

(1) 建立应用程序用户接口与设置对象属性，参见图 6-1 所示。

(2) 编写程序代码。

采用当型循环(DO WHILE)结构，编写"计算"命令按钮的 Click 事件代码：

```
s = 0                            && 累加器初值为 0
n = 1                            && 计数器初值为 1
DO   WHILE   n <=100             && 循环条件是 n <=100
  s = s + n                      && 累加
  n = n + 1                      && 计数器增 1
ENDDO
THISFORM.Text1.Value = s         && 输出累加和
THISFORM.Text1.ReadOnly = .T.
```

运行程序，结果如图 6-1 所示。

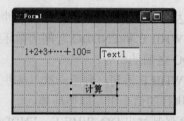 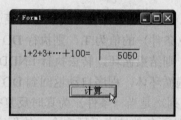

图 6-1 求 $1 + 2 + 3 + \cdots + 100$ 的值

【例 6-2】 输入一个正整数，判断该数是否为素数。

分析：素数是指除了 1 和该数本身外不能被其他任何整数整除的数。判断一个自然数 $n(n \geqslant 3)$ 是否为素数，只要依次用 $2 \sim \sqrt{n}$ 作除数去除 n，若 n 不能被其中任何一个整数整除，则 n 即为素数。

设计步骤如下：

(1) 建立用户接口及设置对象属性，参见图 6-2 所示。

图 6-2 判断是否为素数

(2) 编写事件代码。

编写"判断素数"命令按钮的 Click 事件代码：

```
n = VAL(THISFORM.Text1.Value)        && 接受输入的值
s = 0                                && 设立素数标志
i = 2
```

```
DO   WHILE  i <= SQRT(n)   AND   s = 0
    IF  n % i = 0                                    &&   如果该数能被某个数整除
        s = 1                                        &&   修改素数标志
    ELSE
        i = i + 1                                    &&   否则测试下一个数
    ENDIF
ENDDO
IF  s = 0
    a = '是一个素数'
ELSE
    a = '不是素数'
ENDIF
= MESSAGEBOX(ALLT(STR(n)) + a, 64 + 0 + 0, "信息")
THISFORM.Text1.SetFocus
```

编写 Text1 的 GotFocus 事件代码，使文本框得到焦点后其文本立即被选中：

```
THIS.SelStart = 0
THIS.SelLength = LEN(THIS.Value)
```

运行程序，结果如图 6-2 所示。

4. 步长型循环语句 FOR 的语法结构

DO WHILE … ENDDO 循环语句主要用在不知道循环次数的情况下。若事先知道循环次数时，最好使用 FOR … ENDFOR 循环语句。FOR 循环是按指定次数执行循环体，它在循环体中使用一个循环变量(计数器)，每重复一次循环之后，循环变量的值就会自动增加或者减少。

FOR 循环(也称步长型循环)可以根据给定的次数重复执行循环体。其语法结构为：

```
FOR   〈内存变量〉= 〈初值〉TO〈终值〉[STEP〈步长值〉]
        [〈命令列〉]
        [EXIT]
        [LOOP]
ENDFOR | NEXT
```

说明：

(1) 〈内存变量〉是一个作为计数器的内存变量或数组元素，在 FOR…ENDFOR 执行之前该变量可以不存在。

(2) 〈初值〉是计数器的初值，〈终值〉是计数器的终值。

(3) 〈步长值〉是计数器值的增长或减少量。如果〈步长值〉是负数，则计数器被减小。如果省略 STEP 子句，则默认〈步长值〉为 1。〈初值〉、〈终值〉和〈步长值〉均为数值型表达式。

(4) 〈命令列〉是指定要执行的一个或多个命令。

(5) EXIT 跳出 FOR…ENDFOR 循环，转去执行 ENDFOR 后面的命令。可把 EXIT 放在 FOR … ENDFOR 中任何地方。

(6) LOOP 将控制直接转回到 FOR 子句，而不执行 LOOP 和 ENDFOR 之间的命令。

(7) FOR、ENDFOR | NEXT 必须各占一行，FOR 和 ENDFOR | NEXT 必须成对出现。

(8) 〈命令列〉中可以嵌套控制结构的命令语句(IF、DO CASE、DO WHILE、FOR、SCAN)。

(9) 在使用循环嵌套时要注意：内外循环的循环变量不能同名，并且内外循环不能交叉。如

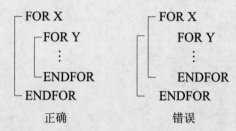

5. FOR 循环的执行过程

FOR 循环的执行过程是：开始时，先把〈初值〉、〈终值〉和〈步长值〉读入，然后将〈内存变量〉的值与〈终值〉作比较，如果〈内存变量〉的值在〈初值〉与〈终值〉的范围内，则执行 FOR 与 ENDFOR 之间的命令，接着〈内存变量〉按〈步长值〉增加或减小，重新比较，直到〈内存变量〉的值不在〈初值〉与〈终值〉的范围内时结束循环，转去执行 ENDFOR 后面的命令。

如果在 FOR...ENDFOR 之间改变〈内存变量〉的值，将影响循环执行的次数。

6. FOR 语句使用示例

【例 6-3】 利用步长型循环，求 1+2+3+ … +100 的值。

用户接口和属性设计参见图 6-1 所示。下面采用步长型循环(FOR … ENDFOR)结构，改写"计算"命令按钮的 Click 事件代码：

```
s = 0                          &&   累加器初值为 0
FOR  n =1  TO   100            &&   循环条件是 n <=100
   s = s + n                   &&   累加
ENDFOR
THISFORM.Text1.Value = s       &&   输出累加和
```

运行结果，与图 6-1 相同。

【例 6-4】 求 1! + 2! + 3! + … + 6! 的值。

(1) 建立用户接口与设置对象属性，参见图 6-3 所示。

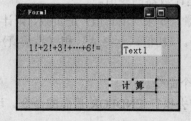
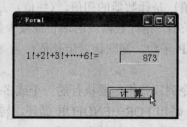

图 6-3 求 1! + 2! + 3! + … + 6!的值

(2) 编写命令按钮 Command1 的 Click 事件代码为：

```
s = 0
t = 1
FOR  n = 1  TO  6                    &&   循环条件
  t = t * n                          &&   累乘
  s = s + t                          &&   累加
ENDFOR
THISFORM.Text1.Value = s             &&   返回结果
THISFORM.Text1.ReadOnly= .T.
```

运行程序，结果如图 6-3 所示。

思考与练习

1. 什么是循环？什么是循环体？

2. 什么是无限循环？为什么在循环结构中要避免出现无限循环？怎样避免出现无限循环？

3. VFP 提供了两种循环语句，即 DO 循环和 FOR 循环，它们各适用于什么情况？

4. 在 DO 循环和 FOR 循环中，VFP 都提供了 EXIT 和 LOOP 语句，它们的作用是什么？

5. 在下面的 DO 循环中，循环的总次数为_____。

```
x = 10
y = 15
DO WHILE y >= x
  y = y − 1
ENDDO
```

6. 设 $s = 1 \times 2 \times 3 \times \cdots \times n$，求 s 不大于 400000 时最大的 n。

7. 设计程序，求 $s = 1 + (1 + 2) + (1 + 2 + 3) + \cdots + (1 + 2 + 3 + \cdots + n)$的值。

任务 6.2　列表框、组合框、页框控件

任务导入

设计接口时，当需要提供较多信息时，可以使用列表框、组合框和页框控件。

列表框和组合框为用户提供了包含一些选项和信息的列表。在列表框中，任何时候都能看到多个选项；在组合框中，平时只能看到一个选项，用鼠标单击向下按钮可以看到多项的列表；页框常用于屏幕需要多个数据显示的情况下，使用它可以往前或往后"翻页"。

本任务将学习列表框、组合框以及页框控件的使用方法。

学习目标

(1) 能熟练使用列表框进行接口设计和程序设计。
(2) 能熟练使用组合框进行接口设计和程序设计。
(3) 能熟练使用页框进行接口设计和程序设计。

任务实施

1. 列表框的常用属性和方法

列表框(ListBox)显示一个项目列表，用户可以从中选择一项或多项，但不能直接编辑列表框中的数据。当列表框不能同时显示所有项目时，将自动添加滚动条，用户可以上下或左右滚动列表框查阅所有选项。

1) 列表框的常用属性

列表框的常用属性，见表 6-1。

表 6-1　常用列表框属性

属性	说　明
List	设置或返回列表中选项，使用本属性可以得到列表中的任何选项。例如，List1.List(1)表示列表框 List1 中第 2 项的值
Value	列表中当前选项的值
ListCount	列表框中的选项个数
ListIndex	当前选项的索引号，如果没有选项被选中，该属性为 0
Selected	在程序运行时，使用代码来选定列表中的选项，例如，THISFORM.List1.Selected(3) = .T.表示选中列表框 List1 中的第 3 条选项
ColumnCount	列表框的列数
Multiselect	是否允许从列表中一次选择多个选项

2) 列表框的常用方法

列表框的常用方法，见表 6-2。

表 6-2　常用列表框方法

方法程序	说　明
AddItem	在列表框中添加新的数据项
Clear	清除列表中的各项
RemoveItem	从列表框中移去一个数据项

2. 列表框使用示例

【例 6-5】 输出如图 6-4 所示的"九九"乘法表。

图 6-4 "九九"乘法表

分析：利用双重循环分别处理行、列的输出。

设计步骤如下：

(1) 建立应用程序用户接口和设置对象属性。

设计窗体接口，其中 List1 的属性设置，见表 6-3。

表 6-3 属 性 设 置

对象	属性	属性值	说明
List1	ColumnCount	10	列物件的数目
	ColumnLines	.F.—假	列间的分割线
	ColumnWidths	40,30,30,30,30,30,30,30,30,30	各列的宽度

其他控件的属性设置参见图 6-5 所示。

图 6-5 设置列表框属性

(2) 编写命令按钮 Command1 的 Click 事件代码：

```
THISFORM.List1.Clear                    && 清除列表框中内容，为以下输出做准备
THISFORM.List1.AddListItem("  *",1,1)
FOR  k = 1  TO  9
   THISFORM.List1.AddListItem(str(k, 3), 1, k+1)
ENDFOR
FOR  n = 1  TO  9
   THISFORM.List1.AddListItem(str(n, 3), n+1, 1)
```

```
    FOR   k = 1   TO   n
        THISFORM.List1.AddListItem(str(k*n, 3), n+1, k+1)
    ENDFOR
ENDFOR
```

运行程序，结果如图 6-4 所示。

【例 6-6】 为小学生编写加减法算术练习程序。计算机连续地随机给出两位数的加减法算术题，要求学生回答，答对的打"√"，答错的打"×"。将做过的题目存放在列表框中备查，并随时给出答题的正确率，如图 6-6 所示。

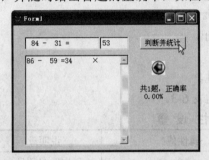 

图 6-6   加减法算术练习

分析：随机函数 RAND( )返回一个(0，1)之间的随机小数，为了生成某个范围内的随机整数，可以使用以下公式：

$$Int((最大值 - 最小值 + 1) * RAND( ) + 最小值)$$

其中，最大值和最小值为指定范围中的最大数和最小数。

设计步骤如下：

(1) 建立应用程序用户接口。

进入窗体设计器，首先增加两个文本框 Text1(随机出题)、Text2(用户输入答案)、一个列表框 List1(保存做过的题目)、一个命令按钮 Command1、一个图像 Image1 和一个卷标 Label1，属性的设置参见图 6-7 所示。

图 6-7   建立用户接口

(2) 编写代码。

出题部分由窗体 Form1 的启动(Activate)事件代码完成：

```
a = Int(10 + 90 * RAND( ))                    && 产生二位整数随机数
```

```
    b = Int(10 + 90 * RAND( ))                    &&  产生二位整数随机数
    p = Int(2 * RAND( ))                          &&  产生随机数 0 或 1
    DO   CASE
      CASE   p = 0                                &&  产生加法题
        THIS.Text1.Value = STR(a,3) + " + " + STR(b,3) + " = "
        THIS.Text1.Tag = STR(a + b)              &&  将本题答案放入 Text1.Tag 中
      CASE   p = 1                                &&  产生减法题
        IF   a < b                               &&  将大数放在前面
          t = a
          a = b
          b = t
        ENDIF
        THIS.Text1.Value = STR(a,3) + " - " + STR(b,3) + " = "
        THIS.Text1.Tag = STR(a - b)          &&   将本题答案放入 Text1.Tag 中
    ENDCASE
    n = VAL(THIS.Tag)
    THIS.Tag = STR(n+1)
    THIS.Text2.Setfocus
    THIS.Text2.Value = ""
```

答题部分由命令按钮 Command1 的 Click 事件代码完成：

```
    IF   Val(THISFORM.Text2.Value) = VAL(THISFORM.Text1.Tag)
      Item = ALLT(THISFORM.Text1.Text) + THISFORM.Text2.Text + " √"
      k = VAL(THISFORM.List1.Tag)
      THISFORM.List1.Tag = STR(k + 1)
    ELSE
      Item = ALLT(THISFORM.Text1.Text) + THISFORM.Text2.Text + " ×"
    ENDIF
    THISFORM.List1.AddItem(Item,1)              &&   将题目和回答插到列表框中的第一项
    x = VAL(THISFORM.List1.Tag) / VAL(THISForm.Tag)
    p = "正确率为:" + CHR(13) + STR(x*100,5,2) + "%"
    THISFORM.Label1.Caption = "共" + ALLT(THISForm.Tag) + "题，" + p
    THISFORM.Activate( )                        &&   调用出题代码
```

运行程序，结果如图 6-6 所示。

3. 利用列表框显示文件目录

利用列表框可以设计显示文件目录的程序，并且可以在目录列表中方便地选定档。

【例 6-7】　设计显示文件目录的列表框程序。如图 6-8 所示，在列表框中选定文件后，单击"打开选定文件"按钮可打开该文件进行查看或编辑。

图 6-8　文件目录列表

分析：用文本框 Text1 的 Valid 事件代码调用列表框的 Requery 方法，用来保证列表框中包含的资料都是最新的。这样，每当在文本框中改变"档类型"后，列表框中都将列出相应的文件目录。

在命令按钮 Command1 的 Click 事件代码中，用 MODIFY FILE 命令打开编辑窗口，使用户可以编辑或修改选定的挡项。

设计步骤如下：

(1) 进入窗体设计器。增加一个列表框控件 List1、一个命令按钮 Command1、两个形状 Shape1～Shape2、两个标签 Label1～Label2 和一个文本框 Text1，如图 6-9 所示。

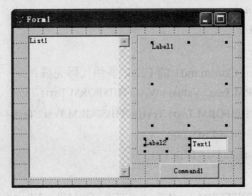

图 6-9　建立用户接口

(2) 设置 List1 和 Text1 的属性，见表 6-4。

表 6-4　属 性 设 置

对象	属性	属性值
Text1	Value	*.txt
List1	RowSourceType	7 — 文件
List1	RowSource	*.txt

其中，列表框 List1 的 RowSourceType 属性设置为"7—挡"时：

List1.List(1) 代表驱动器

List1.List(2) 代表路径

List1.List(3) 是一个分隔行

List1.List(4) 是 [..]。单击它，则返回到父目录。

其他控件的属性设置，如图 6-10 所示。

图 6-10 修改窗体中各对象的属性

(3) 编写事件代码。

编写窗体 Form1 的 Activate 事件代码：

> THISFORM.List1.SetFocus

编写文本框 Text1 的 Valid 事件代码：

> THISFORM.List1.RowSource = ALLTRIM(THIS.Value)
>
> THISFORM.List1.Requery

编写"打开选定文件"按钮 Command1 的 Click 事件代码：

> a = THISFORM.List1.ListIndex   && 将 List1 中游标所在项的序号赋予变量 a
>
> MODIFY FILE (THISFORM.List1.List(2)+THISFORM.List1.List(a))

运行窗体，在列表框中选定档，按"打开选定文件"按钮，即可打开一个包含指定文本文件的编辑器，如图 6-11 所示。

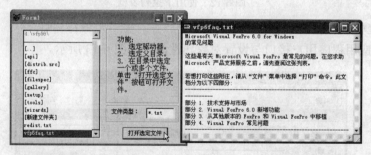

图 6-11 打开选定文件

4. 组合框的两种形式

VFP 中有两种形式的组合框，即下拉列表框和下拉组合框，通过更改控件的 Style 属性可选择所需要的形式。

(1) 下拉列表框：Style 属性值为 2 的组合框控件。与列表框一样，该控件为用户提供了包含一些选项和信息的可滚动列表。与列表框不同之处是，列表框任何时候都能看到多个选项；而在下拉列表框中，平时只能看到一个选项，当用户单击向下按钮时才能看到可滚动的下拉列表中的选项。

(2) 下拉组合框：Style 属性值为 0 的组合框控件。它兼有列表框和文本框的功能。用户可以单击下拉组合框上的按钮查看选择项的列表，也可以直接在按钮旁边的框中直接输入一个新项。

常用的组合框属性，见表 6-5。

表 6-5　组合框的常用属性

属　　性	说　　明
ControlSource	指定与对象建立联系的数据源
InputMask	指定在控件中如何输入和显示数据
IncrementalSearch	指定在用户键入每一个字母时，控件是否和列表中的项匹配
RowSource	指定组合框中数据项的来源
RowSourceType	指定组合框中数据源类型
Style	指定组合框是下拉组合框还是下拉列表框

5. 下拉列表框

如果需要节省窗体上的空间，并且希望强调当前选定的项，可以使用下拉列表框。

【例 6-8】　如图 6-12 所示，将例 6-6 "算术练习" 中的列表框改为组合框(下拉列表框)。

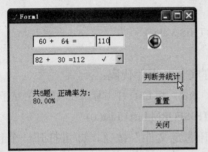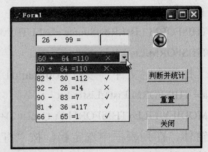

图 6-12　使用下拉列表框

设计步骤如下：

(1) 建立应用程序用户接口与设置对象属性，参见图 6-13 所示。

图 6-13　建立应用程序用户接口与设置对象属性

(2) 编写程序代码。

修改命令按钮 Command1 的 Click 事件代码：

```
IF   Val(THISFORM.Text2.Value) = VAL(THISFORM.Text1.Tag)
    Item = ALLT(THISFORM.Text1.Text) + THISFORM.Text2.Text + " √"
    k=VAL(THISFORM.Combo1.Tag)
    THISFORM.Combo1.Tag = STR(k + 1)
ELSE
    Item = ALLT(THISFORM.Text1.Text) + THISFORM.Text2.Text + " ×"
ENDIF
THISFORM.Combo1.AddItem(Item,1)              &&  将题目和回答插入组合框中的第一项
THISFORM.Combo1.value=1                       &&  组合框窗口显示内容
x = VAL(THISFORM.Combo1.Tag) / VAL(THISForm.Tag)
p = "正确率为:" + CHR(13) + STR(x*100,5,2) + "%"
THISFORM.Label1.Caption = "共" + ALLT(THISForm.Tag) + "题，" + p
THISFORM.Activate()                           &&  调用出题的代码
```

编写命令按钮 Command2 的 Click 事件代码：

```
THISFORM.Combo1.Tag = ""
THISForm.Tag=""
THISFORM.Combo1.Clear
THISFORM.Combo1.value=""
THISFORM.Label1.Caption = "欢迎重新开始!"
THISFORM.Activate( )
```

编写命令按钮 Command3 的 Click 事件代码：

```
THISFORM.Release( )
```

运行程序，结果如图 6-12 所示。

6. 下拉组合框

下拉组合框看起来就像是在标准的文本框右边加了个下拉箭头，用鼠标单击该箭头就在文本框下打开一个列表。用户从中选择一个选项，该选项就会进入文本框。

下拉组合框能实现文本框和下拉列表框的组合功能，既允许用户输入数据，又允许用户从列表中选择数据。

【例 6-9】　在文本框中输入数据，按回车添加到列表框中，在列表框中选定项目，单击鼠标右键可移去选定项，如图 6-14 所示。

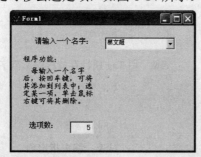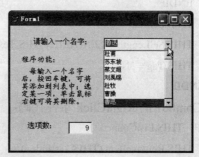

图 6-14　下拉组合框

分析：在组合框的文本输入区中输入数据后按回车键，可将数据添加到下拉组合框中，下边的文本框开始计数。在下拉组合框中选中数据，然后用鼠标右键单击所选项，即可将数据移出组合框，同时计数减一。另外，还需利用控件的 Tag 属性存放程序所需的字符型数据。

设计步骤如下：

(1) 进入窗体设计器，在其中增加一个文本框 Text1、一个组合框 Combo1 以及 4 个标签 Label1～Label4。

(2) 设置 Combo1 的 Style 属性为：0 – 下拉组合框，其他控件的属性设置参见图 6-15 所示。

图 6-15　建立用户接口与修改对象属性

(3) 编写代码。

编写 Combo1 的 KeyPress 事件代码：

```
LPARAMETERS   nKeyCode, nShiftAltCtrl
IF   nKeyCode = 13                                    && 按回车键
    IF   !EMPTY(THIS.DisplayValue)                    && 不为空
        THIS.AddItem (THIS.DisplayValue)              && 将数据添加到下拉组合框中
        THISFORM.Text1.Value = THIS.ListCount         && 统计选项个数
    ENDIF
    THIS.SelStart = 0
    THIS.SelLength = LEN(ALLT(THIS.Text))
    THIS.Tag = "N"                                    && 用 Tag 属性存放程序所需字符型数据
ENDIF
```

编写 Combo1 的 RightClick 事件代码：

```
IF   THIS.ListCount > 0
    THIS.RemoveItem (THIS.ListIndex)        && 移去指定项
    THIS.Value = 1
```

　　　　THISFORM.Text1.Value = THIS.ListCount　　　　　　　　　　　&&　重新统计个数
　　ENDIF
编写 Combo1 的 Valid 事件代码：
　　IF　THIS.Tag = "Y"
　　　RETURN　.T.
　　ELSE
　　　THIS.Tag = "Y"
　　　RETURN　0
　　ENDIF
运行程序，结果如图 6-14 所示。

7. 页框

为了扩展应用程序的用户接口，常常使用带页框的窗体。页框是一个可包含多个页面的容器控件，其中的页面又可包含各种控件。页框常用于屏幕需要多个数据显示的情况下，使用它可以往前或往后"翻页"，从而节省开发者的编码工作量。

页框(PageFrame)刚被创建时，只有两个"页面"(Page)，通过 PageCount 属性可以修改页面数。

与使用其他容器控件一样，在向设计的页面中添加控件之前，必须先选中页框，并从右键菜单中选择"编辑"命令，或在"属性"窗口的"对象"下拉列表中选择该容器，这样，才能启动这个容器。在添加控件前，如果没有将页框作为容器启动，控件将添加到窗体中而不是页面中。

8. 带选项卡的页框使用示例

使用页框和页面，可以创建带选项卡的窗体。

【例 6-10】　在窗体中设计一个带 4 个选项卡的页框。

设计步骤如下：

(1) 建立应用程序用户接口与设置对象属性。

进入窗体设计器，首先增加一个页框控件 PageFrame1，并修改其 PageCount 属性为：4，页框架上出现 4 个页面，如图 6-16 所示。

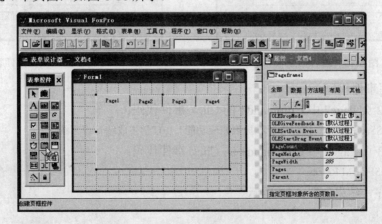

图 6-16　在窗体上添加页框控件

用鼠标右键单击页框架控件，在快捷菜单中选择"编辑"，或直接在"属性"窗口中选择 PageFrame1 的 Page1 对象。页框架的四周出现淡绿色边界，可以开始编辑第一页。将 Page1 的 Caption 属性改为：欢迎界面。然后，在 Page1 上增加一个形状控件 Shape1 和一个标签 Label1，并修改其属性，如图 6-17 所示。

用鼠标单击 Page2，开始编辑第二页。将 Page2 的 Caption 属性改为：进入系统。然后，在 Page2 上增加一个命令按钮 Command1、一个卷标控件 Label1 和一个形状控件，并修改其属性，如图 6-18 所示。

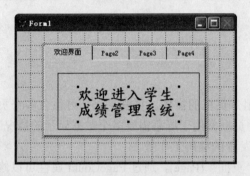

图 6-17　编辑第一页

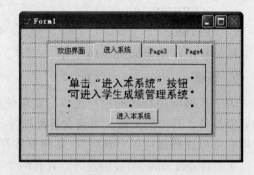

图 6-18　编辑第二页

用鼠标单击 Page3，开始编辑第三页。将 Page3 的 Caption 属性改为：退出。然后，在 Page3 上增加 2 个命令按钮 Command1～Command2、一个卷标控件 Label1 和一个形状控件，并修改其属性，如图 6-19 所示。

用鼠标单击 Page4，开始编辑第四页。将 Page4 的 Caption 属性改为：版权说明。然后，在 Page4 上增加一个标签 Label1 和一个形状控件，并修改其属性，如图 6-20 所示。

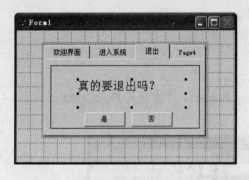

图 6-19　编辑第三页

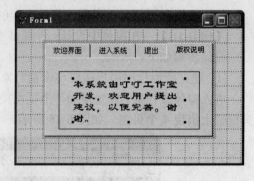

图 6-20　编辑第四页

(2) 编写事件代码。

编写第 2 页 Page2 中 Command1 的 Click 事件代码：

```
MESSAGEBOX("该程序暂不提供相应功能！",0,"学生成绩管理系统")
```

编写第 3 页 Page3 中 Command1 的 Click 事件代码：

```
THISFORM.Release
```

运行程序，结果如图 6-21 所示。

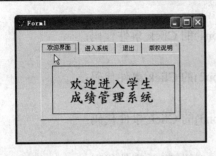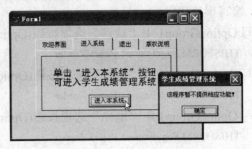

图 6-21　页框示例运行结果

9. 不带选项卡的页框使用示例

也可以将页框设置为不带选项卡的形式。这时，可以利用选项组或命令按钮组来控制页面的选择。

【例 6-11】　将例 6-10 中的页框改为不带选项卡的形式，使用选项按钮组控制页面的选择，如图 6-22 所示。

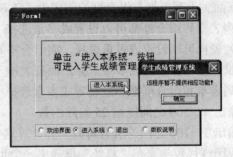

图 6-22　不带选项卡的页框

分析：利用 Zorder 方法将当前页放置在最前面。例如，将选项按钮的第一页放置在最前面，可以在 Option1 的 Click 事件代码中用 THISFORM.PageFrame1.Page1.Zorder 表示。

设计步骤如下(在例 6-10 的基础上进行修改，这里只给出修改部分)：

(1) 打开窗体文件，修改页框架控件 PageFrame1 的 Tabs 属性为：.F. — 假，页框架改为不带选项卡的形式。然后，增加一个"选项按钮组"控件 OptionGroup1，并修改其各项属性，如图 6-23 所示。

图 6-23　设置不带选项卡的页框属性

(2) 编写事件代码。

编写 OptionGroup1 中"欢迎"选项按钮(Option1)的 Click 事件代码：

  THISFORM.PageFrame1.Page1.Zorder

编写 OptionGroup1 中"进入"选项按钮(Option2)的 Click 事件代码：

  THISFORM.PageFrame1.Page2.Zorder

编写 OptionGroup1 中"退出"选项按钮(Option3)的 Click 事件代码：

  THISFORM.PageFrame1.Page3.Zorder

编写 OptionGroup1 中"说明"选项按钮(Option4)的 Click 事件代码：

  THISFORM.PageFrame1.Page4.Zorder

运行程序，结果如图 6-22 所示。

思考与练习

1. 下面关于列表框与组合框的叙述中，正确的是(　　　　)。

A) 列表框和组合框都可以设置成多重选择

B) 列表框可以设置成多重选择，而组合框不能

C) 组合框可以设置成多重选择，而列表框不能

D) 列表框和组合框都不能设置成多重选择

2. 输出 1~500 之间能被 25 整除的数。

3. 输出 1~100 之间的所有奇数，并计算这些奇数之和。

4. 我国古代数学家在"算经"里提出一个世界数学史上有名的百鸡问题：鸡翁一，值钱五，鸡母一，值钱三，鸡雏三，值钱一，百钱买百鸡，问鸡翁、母、雏各几何？

技能训练

1. 编写程序，要求任意输入 20 个数，统计其中正数、负数和零的个数。

2. 验证"哥德巴赫猜想"。1742 年 6 月，德国数学家哥德巴赫在给彼得堡的大数学家欧拉的信中提出一个问题：任何大于 6 的偶数均可以表示为两个素数之和吗？欧拉复信道："任何大于 6 的偶数均可以表示为两个素数之和，这一猜想我还不能证明，但我确信无疑地认为这是完全正确的定理。"这就是至今尚未被证明的哥德巴赫猜想。

第 7 章　数　　　组

前面所使用的数值型、字符串等数据类型都是简单类型，通过一个命名的变量来存取一个数据。然而在实际应用中往往需要处理成批的同一性质数据，例如统计 100 个学生的成绩，按简单变量进行处理很不方便，由此便引入了数组。数组并不是一种数据类型，而是一组变量的集合。在程序中使用数组的最大好处是用一个数组名代表逻辑上相关的一批数据，用下标表示该数组中的各个元素，将数组与循环语句结合使用，可简化程序代码的编写。

本章将学习使用数组编写程序的方法。具体内容包括：

(1) 数组的基本概念。

(2) 声明数组的方法，以及使用数组进行程序设计的方法。

(3) 对象数组的使用。

任务 7.1　使 用 数 组

任务导入

计算机处理的数据各种各样，这些数据根据有序与否可分为两类：

● 无序性数据。仅与其取值有关，而与其所在的位置无关。前面介绍的变量都是简单变量，如 a, i, x 等，并可以给简单变量赋予一个某种数据类型的数值，各个简单变量是各自独立的，与其所在的位置无关。

● 有序性数据。不仅与其取值有关，并且与其所在的位置也密切相关，如体育比赛的成绩，就隐含着名次和成绩。

在程序设计中，利用简单变量可以解决不少问题。但是仅使用简单变量，势必受到简单变量单独性和无序性的限制，而难于或无力解决那些不仅与其取值有关，而且与其所在位置也有关的较复杂的问题。为此，需要引入功能更强的数据结构——数组。

数组是各种高级语言中使用广泛的程序设计方法。本任务将学习有关数组、数组元素的基本概念，以及数组的程序设计方法。

学习目标

(1) 理解数组、数组维数、数组元素等概念。

(2) 会声明数组。

(3) 会使用一维数组和二维数组编制程序。

任务实施

1. 数组和数组元素

数组是用一个统一的名称表示的、顺序排列的一组变量。数组中的变量称为数组元素，用数字(下标)来标识它们，因此数组元素又称为下标变量。

可以用数组名及下标唯一地识别一个数组元素，比如 x(2)表示名称为 x 的数组中顺序号(下标)为 2 的那个数组元素(变量)。

说明：

(1) 数组的命名与简单变量的命名规则相同。

(2) 下标必须用括号括起来，不能把数组元素 x(2)写成 x2，后者是简单变量。

(3) 下标可以是常数、变量或表达式。下标还可以是下标变量(数组元素)，如 y(x(2))，若 x(2)=10，则 y(x(2))就是 y(10)。

(4) 下标必须是整数，否则将被自动取整(舍去小数部分)。例如 a(3.8)将被视为 a(3)。

(5) 下标的最大值和最小值分别称为数组的上界和下界。数组的元素在上下界内是连续的。由于数组对每一个下标值都分配存储空间，所以声明数组的大小时要适当。

2. 数组的维数

如果一个数组的元素只有一个下标，则称这个数组为一维数组。例如，数组 a 有 10 个元素：a(1)、a(2)、a(3)、…、a(10)，依次保存 10 个学生的一门功课的成绩，则 a 为一维数组。一维数组中的各个元素又称为单下标变量。一维数组中的下标又称为索引(Index)。

如果有 10 个学生，每个学生有 5 门功课的成绩，见表 7-1。

表 7-1　学 生 成 绩 表

姓名	语文	数学	外语	政治	历史
学生 1	75	80	83	86	80
学生 2	60	63	80	71	74
学生 3	70	86	72	60	88
⋮	⋮	⋮	⋮	⋮	⋮
学生 10	80	96	80	96	75

这些成绩应用有两个下标的数组来表示，如第 i 个学生第 j 门课的成绩应用 a(i, j)表示。其中 i 表示学生号，称为行下标(i=1，2，…，10)；j 表示课程号，称为列下标(j=1，2，3，4，5)。有两个下标的数组称为二维数组，其中的数组元素称为双下标变量。

在 VFP 中允许定义一维或二维数组。

VFP 对数组的大小和数据类型不作任何限制，甚至同一数组中的数组元素都可以具有不同的数据类型，而对数组大小的唯一限制就是可用内存空间的大小。

3. 声明数组

数组在使用前必须先声明。声明数组的语法格式为：

> {DIMENSION | DECLEAR}〈数组名〉(〈行数〉[, 〈列数〉])

如：DIMENSION x(2, 5) 表示创建一个名为 x、具有 2 行 5 列的私有数组，只能在其命令所在的过程及其所调用的过程中使用。

说明：

(1) 全局变量数组可以在整个 VFP 工作期间被任何程序访问，声明全局数组的格式为：

> PUBLIC 〈数组名〉(〈行数〉[, 〈列数〉])

(2) 局部变量数组只能在创建它们的过程或函数中使用和更改，不能被高层或低层的程序访问，声明局部数组的格式为：

> LOCAL 〈数组名〉(〈行数〉[, 〈列数〉])

4. 数组的赋值

数组在声明之后，每个元素被默认地赋予.F.值。可以单独为某一个数组元素赋值。如：

> x(2, 3)= 16　　　　　　&&　将数组 x 中第 2 行第 3 列的元素赋值为 16

或　　　STORE　16　TO　x(2, 3)

也可以用一个命令为一个数组的所有元素赋予相同的值。如：

> x = 5　　　　　　&&　将数组 x 中每个元素的值都赋值为 5

或　　　STORE　100　TO　x

【例 7-1】 随机产生 5 个两位整数，编制程序输出其最大数、最小数和这 5 个数的平均值。

分析：产生 5 个随机整数，可以用 RAND( )函数来实现。利用数组对这 5 个整数求最大、最小以及平均值。

设计步骤如下：

(1) 建立应用程序用户界面与设置对象属性。

进入表单设计器，首先增加 5 个标签 Label1～Label5 和 3 个命令按钮 Command1～Command3，并修改各个控件的属性，参见图 7-1 所示。

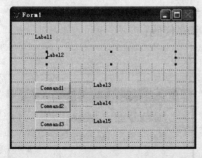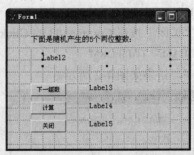

图 7-1　建立应用程序用户界面与设置对象属性

(2) 编写代码。

随机整数的生成由表单 Form1 的 Activate 事件代码完成：

> PUBLIC　a(5)　　　　　　&&　因需在不同的过程中使用数组，故声明为全局数组
>
> p = ""

```
FOR  i = 1  TO  5
    a(i) = INT(RAND() * 90) + 10            &&  随机产生 10～100 之间的两位整数
    p = p + STR(a(i),5) + ","               &&  连接产生的随机数
ENDFOR
THISFORM.Label2.Caption = ALLT(LEFT(p, LEN(p) - 1))
THISFORM.Label3.Caption="最大数是："
THISFORM.Label4.Caption="最小数是："
THISFORM.Label5.Caption="平均值是："
```

在"下一组数"按钮的 Click 事件代码中，通过调用表单的 Activate 事件代码来重新产生随机数。"下一组数"按钮 Command1 的 Click 事件代码：

```
THISFORM.Activate
```

求最大、最小以及平均值由"计算"按钮 Command2 的 Click 事件代码完成：

```
min = 100                        &&  假设一个最小值，其值要预置一最大数
max = 10                         &&  假设一个最大值，其值要预置一最小数
s = 0                            &&  累加和初值
FOR  i = 1  TO  5
    IF   a(i) > max              &&  如果某数大于最大数
        max = a(i)               &&  将大数赋值给 max
    ENDIF
    IF   a(i) < min              &&  如果某数小于最小数
        min = a(i)               &&  将小数赋值给 min
    ENDIF
    s = s + a(i)                 &&  累加各随机数的值
Next
THISFORM.Label3.Caption = "最大数是：" + STR(max,3)
THISFORM.Label4.Caption = "最小数是：" + STR(min,3)
THISFORM.Label5.Caption = "平均值是：" + STR(s / 5,6,2)
```

最后是"关闭"按钮 Command3 的 Click 事件代码：

```
RELEASE  THISFORM
```

运行程序，结果如图 7-2 所示。

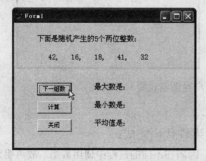 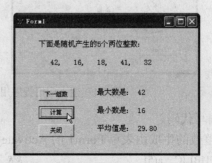

图 7-2　求随机整数中的最大数、最小数和平均值

【例 7-2】　修改例 7-1 使其产生的随机整数互不相同。

分析：设变量 yes 为标志，如果产生的随机整数 x 与已放入数组中的某个随机整数相同，则 yes 为 1，否则为 0。当 yes 为 0 时退出 DO 循环，即可把随机数放入数组中，即 a(i) = x。

下面仅给出修改部分的代码，其他代码同例 7-1。

表单 Form1 的 Activate 事件代码：

```
PUBLIC   a(5)
p = ""
FOR   i = 1   TO   5
  yes = 1                                && 变量 yes 用来作为标志
  DO   WHILE   yes = 1
    x = INT(RAND() * 90) + 10            && 变量 x 用来存放刚产生的随机整数
    yes = 0
    FOR   j = 1   TO   i – 1             && 依次比较已产生的随机整数
      IF   x = a(j)
        yes = 1                          && 如与前面的元素相同，则返回到 DO 循环
        EXIT                             && 无条件跳出本循环
      ENDIF
    ENDFOR
  ENDDO
  a(i) = x
  p = p + STR(a(i),5) + ","              && 连接各随机整数
ENDFOR
THISFORM.Label2.Caption = ALLT(LEFT(p, LEN(p) - 1))
THISFORM.Label3.Caption = "最大数是："
THISFORM.Label4.Caption = "最小数是："
THISFORM.Label5.Caption = "平均数是："
```

运行程序，结果与图 7-2 相同。

【例 7-3】　编写程序，建立并输出一个 10×10 的矩阵，该矩阵两条对角线元素为 1，其余元素均为 0。

分析：由于矩阵由行、列组成，需要双下标才能确定某一元素的位置，所以，应该使用二维数组来表示该矩阵。设行用 n 表示，列用 m 表示，则主对角线元素即为行与列相等的元素(即 $n = m$)，而次对角线元素的行列下标满足：$n = 11 - m$。

设计步骤如下：

(1) 建立应用程序用户界面与设置对象属性。

在表单中使用编辑框控件 Edit1，参见图 7-3 所示。当然，也可以用列表框控件来显示矩阵的元素。

(2) 编写代码。

编写表单 Form1 的 Activate 事件代码：

```
DIME   s(10, 10)
```

```
    FOR  n = 1  TO  10
      FOR  m = 1  TO  10
        IF  n = m  OR  n = 11 - m
          s(n, m) = 1
        ELSE
          s(n, m) = 0
        ENDIF
      ENDFOR
    ENDFOR
    FOR  n = 1  TO  10
      p = ""
      FOR  m = 1  TO  10
        p = p + str(s(n, m), 3)
      ENDFOR
      THIS.Edit1.Value = THIS.Edit1.Value + p + CHR(13)
    ENDFOR
```

运行程序，结果如图 7-4 所示。

图 7-3　建立用户界面　　　　　　　　图 7-4　程序运行结果

5. 重新定义数组的维数

重新执行 DIMENSION 命令可以改变数组的维数和大小，也就是说，数组的大小可以增加或减少，一维数组可以转换为二维数组，二维数组可以转换为一维数组。

如果数组中元素的数目增加了，就将原数组中所有元素的内容复制到重新调整过的数组中，增加的数组元素初始化为"假"(.F.)。

6. 释放数组变量

使用 RELEASE 命令可以从内存中释放变量和数组。其语法是：

RELEASE　{〈变量列表〉|〈数组名列表〉}

其中各变量或数组名用逗号分隔。

【例 7-4】 求斐波那契(Fibonacci)数列。Fibonacci 数列为 1，1，2，3，5，8，…。其中，第 1 项和第 2 项为 1，后面各项为前两项之和，第 n 项的计算公式为：

$$\text{Fib}(n) = \text{Fib}(n-1) + \text{Fib}(n-2)$$

设计步骤如下：

(1) 建立应用程序用户界面。

进入表单设计器，增加一个标签控件 Label1、一个文本框控件 Text1、一个列表框 List1、两个命令按钮 Command1～Command2，如图 7-5 所示。

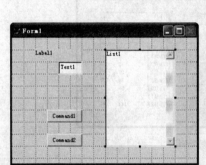

图 7-5 建立用户界面与设置对象属性

(2) 设置各对象的属性，见表 7-2。其他属性参见图 7-5 所示。

表 7-2 属 性 设 置

对象	属性	属性值
Label1	Caption	输入需要的项数：
List1	ColumnCount	2
	ColumnWidths	40, 140
	RowSource	F
	RowSourceType	5—数组

(3) 编写代码。

首先在表单 Form1 的 Load 事件代码中定义全局变量数组 F( )：

```
PUBLIC  F(1, 2)                        && 定义全局变量数组
F(1, 1) = "Fib(1)"
F(1, 2) = 1
```

在表单 Form1 的 UnLoad 事件代码中释放全局变量数组 F( )：

```
RELEASE  F                            && 释放全局变量数组 F( )
```

编写"列出数列"命令按钮 Command1 的 Click 事件代码，并改变数组的大小：

```
n = VAL(THISFORM.Text1.Text)           && 接收文本框中的值
DIME  F(n, 2)                          && 重新定义数组
F(2, 1) = "Fib(2)"
F(2, 2) = 1
```

```
FOR    i = 3  TO  n
   F(i, 1) = "Fib(" + Allt(Str(i)) + ")"
   F(i, 2) = F(i-1, 2) + F(i-2, 2)
ENDFOR
THISFORM.List1.NumberOfElements = n
```

编写"关闭"命令按钮 Command2 的 Click 事件代码：

```
THISFORM.Release
```

程序运行结果如图 7-6 所示。

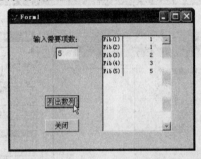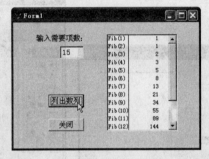

图 7-6　求斐波那契(Fibonacci)数列

7. 二维数组表示为一维数组

假如，已经建立了一个二维数组，对二维数组，也可以使用一维数组表示法来表示其下标。例如：

```
DIMENSION   x(3, 4)                   &&   建立一个二维数组
FOR    i = 1   TO   12
   x(i) = i                           &&   用一维数组表示二维数组的下标
ENDFOR
```

这样可以使得代码更为简单。利用下面公式，可以将二维数组表示法转换成一维数组表示法：

序号(一维数组) = (行数 − 1)*列数 + 列数

或使用 AELEMENT( )函数，也能取得一维数组表示法的元素位置，即：

序号(一维数组) = AELEMENT(数组名, 行数, 列数)

【例 7-5】　矩阵的加法运算。两个相同阶数的矩阵 A 和 B 相加(矩阵 A 和 B 中各元素的值由计算机随机产生)，是将相应位置上的元素相加后放到同阶矩阵 C 的相应位置。例如：

$$\begin{bmatrix} 12 & 24 & 7 \\ 23 & 4 & 34 \\ 1 & 51 & 32 \\ 34 & 3 & 13 \end{bmatrix} + \begin{bmatrix} 2 & 41 & 25 \\ 43 & 24 & 3 \\ 81 & 1 & 12 \\ 4 & 43 & 37 \end{bmatrix} = \begin{bmatrix} 14 & 65 & 32 \\ 66 & 28 & 37 \\ 82 & 52 & 44 \\ 38 & 46 & 50 \end{bmatrix}$$

分析：首先定义 3 个二维数组 a(n, m)、b(n, m)、c(n, m)，利用双重循环和随机函数产生 a(n, m) 和 b(n, m) 中各元素的值。然后通过双重循环得到 c(n, m)。

设计步骤如下：

(1) 建立用户界面和设置对象属性。

进入表单设计器，在表单中增加 3 个编辑框 Edit1～Edit3、2 个标签 Label1～Label2 和一个命令按钮组 CommandGroup1。

设置 Edit1～Edit3 的 ScrollBars 属性为 0—无，其他对象的属性如图 7-7 所示。

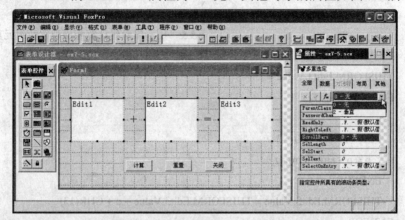

图 7-7　建立用户界面和设置对象属性

(2) 编写代码。

编写表单 Form1 的 Activate 事件代码：

```
PUBLIC   a(4, 3), b(4, 3)                    &&   定义全局变量数组，二维数组
FOR   k = 1   TO   12
  a(k) = INT(RAND() * 100)                   &&   产生随机整数，并赋值给一维数组
  b(k) = INT(RAND() * 100)                   &&   产生随机整数，并赋值给一维数组
ENDFOR
THIS.Edit1.Value = ""
THIS.Edit2.Value = ""
THIS.Edit3.Value = ""
FOR   k = 1   TO   4
  p = ""
  q = ""
  FOR   m = 1   TO   3
    p = p + Str(a(k, m), 4)                  &&   连接数组元素
    q = q + Str(b(k, m), 4)                  &&   连接数组元素
  ENDFOR
  THIS.Edit1.Value = THIS.Edit1.Value + p + CHR(13)   &&   连接数组元素
  THIS.Edit2.Value = THIS.Edit2.Value + q + CHR(13)   &&   连接数组元素
ENDFOR
```

编写表单 Form1 的 UnLoad 事件代码：

```
Release   a, b                               &&   释放全局变量数组
```

编写按钮组 CommandGroup1 的 Click 事件代码：

```
            k = THIS.Value
      DO   CASE
         CASE   k = 1                                    &&   "计算"按钮
            DIME   c(4, 3)                               &&   定义二维数组
            FOR   j = 1   TO   12
               c(j) = a(j) + b(j)              &&   用一维数组计算相应位置数组元素的和
            ENDFOR
            THISFORM.Edit3.Value = ""
            FOR   n = 1   TO   4
               p = ""
               FOR   m = 1   TO   3
                  p = p + str(c(n,m),4)
               ENDFOR
               THISFORM.Edit3.Value = THISFORM.Edit3.Value + p + CHR(13)
            ENDFOR
         CASE   k = 2                                    &&   "重置"按钮
            THISFORM.Activate
         CASE   k = 3                                    &&   "关闭"按钮
            THISFORM.Release
      ENDCASE
```

运行程序，结果如图 7-8 所示。

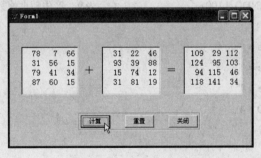

图 7-8   矩阵加法运算

8. 处理数组元素的函数

数组提供了一种快速排序数据的方法。如果数据保存在数组中，就可以很方便地对其进行检索、排序或其他各种操作。可以使用如下函数来处理数组元素：

(1) 数组元素的排序——ASORT( )。

(2) 数组元素的搜索——ASCAN( )。

(3) 数组元素的删除——ADEL( )。

(4) 数组元素的插入——AINS( )。

(5) 数组元素的个数——ALEN( )。

9. 数组元素的排序

【例7-6】 产生 5 个随机数，然后将这些数从小到大顺序输出。

分析：这是一个"排序"问题，使用排序函数 ASORT( )可以轻而易举地对数组元素进行排序。

设计步骤如下：

(1) 建立应用程序用户界面与设置对象属性。

在表单上增加 4 个标签控件 Label1～Label4 和 3 个命令按钮 Command1～Command3，各控件属性的设置参见图 7-9 所示。

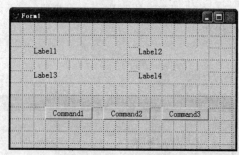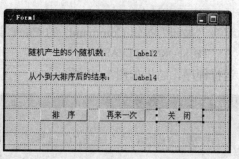

图 7-9　建立"排序"问题的程序界面并设置对象属性

(2) 编写代码。

首先在表单 Form1 的 Load 事件代码中声明数组：

```
    PUBLIC   a(5)                              && 定义全局变量数组
```

随机整数的生成由表单 Form1 的 Activate 事件代码完成：

```
    p=""
    FOR   i = 1   TO   5
      yes = 1                                  && 设置标志，保证产生的随机数互不相同
      DO   WHILE   yes = 1
        x = INT(RAND() * 100)                  && 产生 0～100 之间的随机整数
        yes = 0
        FOR   j = 1   TO   i - 1               && 与前面的随机数依次进行比较
          IF   x = VAL(a(j))
            yes = 1                            && 如与前面的元素相同，则返回到 DO 循环
            EXIT                               && 无条件跳出 DO 循环
          ENDIF
        ENDFOR
      ENDDO
      a(i) = STR(x,2)
      p = p + a(i) + ", "                      && 连接数组元素
    ENDFOR
    THISFORM.Label2.Caption = LEFT(p,LEN(p)-2) && 输出产生的随机数
    THISFORM.Label4.Caption = ""
```

编写"排序"按钮 Command1 的 Click 事件代码：

```
ASORT(a)                                    &&    对数组 a 中的元素进行排序
p=""
FOR  i = 1  TO  5
  p = p + a(i) + ", "                       &&    连接各数组元素
ENDFOR
THISFORM.Label4.Caption = LEFT(p,LEN(p)-2)   &&    输出排序后的结果
```

编写"再来一次"按钮 Command2 的 Click 事件代码：

```
THISFORM.Activate                           &&    重新开始调用 Activate 事件
```

编写"关闭"按钮 Command3 的 Click 事件代码：

```
THISFORM.RELEASE
```

运行程序，结果如图 7-10 所示。

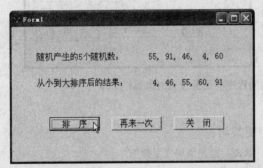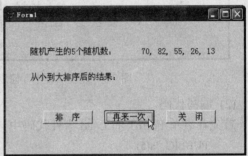

图 7-10   对随机整数从小到大排序

10. 数组元素的搜索

【例 7-7】   如图 7-11 所示，使用数组作为组合框的数据源。

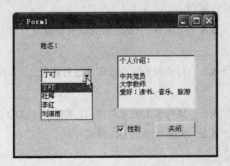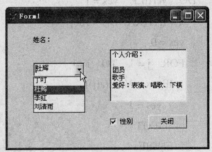

图 7-11   在组合框中使用数组

设计步骤如下：

(1) 建立应用程序用户界面。

进入表单设计器，增加一个组合框 Combo1、一个文本框 Text1、一个复选框 Check、一个标签 Label1 和一个命令按钮 Command1，如图 7-12 所示。

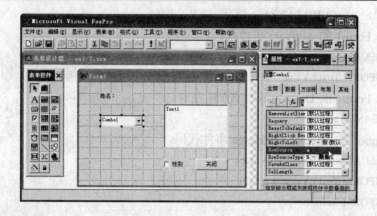

图 7-12 建立应用程序用户界面

(2) 设置对象属性。

设置对象属性，见表 7-3。其他控件的属性设置参见图 7-12 所示。

表 7-3 属 性 设 置

对象	属性	属性值
Combo1	RowSource	a
	RowSourceType	5 — 数组
	ColumnWidths	50, 40
	Style	0 — 下拉组合框
Check1	Caption	性别

(3) 编写事件代码。

编写表单 Form1 的 Load 事件代码：

```
PUBLIC  a(4, 3)
a(1, 1) = "丁叮"
a(1, 2) = "女"
a(1, 3) = "个人介绍："+CHR(13)+CHR(13)+"中共党员"+CHR(13)+"大学教师"+CHR(13);
        +"爱好：读书、音乐、旅游"
a(2, 1) = "杜辉"
a(2, 2) = "男"
a(2, 3) = "个人介绍："+CHR(13)+CHR(13)+"团员"+CHR(13)+"歌手"+CHR(13);
        +"爱好：表演、唱歌、下棋"
a(3, 1) = "李红"
a(3, 2) = "女"
a(3, 3) = "个人介绍："+CHR(13)+CHR(13)+"群众"+CHR(13)+"学生"+CHR(13);
        +"爱好：播音、音乐、钓鱼"
a(4, 1) = "刘清雨"
a(4, 2) = "男"
a(4, 3) = "个人介绍："+CHR(13)+CHR(13)+"中共党员"+CHR(13)+"教授";
```

+CHR(13)+"爱好：学习、读书、郊游"

编写表单 Form1 的 Activate 事件代码：

    THISFORM.Combo1.Value = 1

    THISFORM.Text1.Value = a(1, 3)

编写表单 Form1 的 Destroy 事件代码：

    RELEASE　a

编写 Combo1 的 InteractiveChange 事件代码：

    s = ASCAN(a,THIS.DisplayValue)

    THISFORM.Text1.Value = a(s+2)

    THISFORM.Refresh

当复选框 Check1 被选中时，组合框 Combo1 的列数 ColumnCount 属性为 2。编写 Check1 的 Click 事件代码：

    THISFORM.Combo1.ColumnCount = IIF(THIS.Value=0,1,2)

编写"关闭"按钮 Command1 的 Click 事件代码：

    THISFORM.RELEASE

运行程序，结果如图 7-11 所示。

思考与练习

1. 什么是数组？什么是数组元素？VFP 中最多可以定义几维数组？

2. 在使用数组前为什么要先定义数组？

3. 在 VFP 中定义了一维数组或二维数组后，能否改变其维数和大小？

4. 数组的最小下标是_____，数组元素的初值为_____。

5. 执行语句 DIMENSION M(8), N(3,4)后，数组 M 和 N 的元素个数分别为_____和_____。

6. 编制程序实现数组元素互换。设某数组有 10 个元素，要求将前 5 个元素与后 5 个元素对换。即第 1 个元素与第 10 个元素互换，第 2 个元素与第 9 个元素互换，…，第 5 个元素与第 6 个元素互换。输出数组对换后各元素的值。

7. 求某方阵的两个对角线元素和。

任务 7.2　对　象　数　组

任务导入

对象数组是指引用对象的数组，即数组中保存的是对象。使用对象数组引用对象有助于编写通用代码，常用于一些不能成组操作的控件。

本任务将学习对象数组的概念和使用方法。

学习目标

(1) 理解对象数组的概念。

(2) 掌握对象数组的使用方法。

任务实施

1. 对象的引用与释放

创建对象的引用不等于复制对象，引用比添加对象占用更少的内存，编写的代码相对较短，而且可以很容易地在过程之间进行数据传递。

将对象赋值给变量，就可以在代码中引用对象。将变量赋值为 0，即可释放对象的引用。

【例 7-8】 引用对象和释放对象的引用示例。

```
txt1 = THIS.Container1.Text1          &&  引用对象
txt2 = THIS.Container2.Text1          &&  引用对象
txt1.SetFocus
txt1 = 0                              &&  释放对象的引用
txt2 = 0                              &&  释放对象的引用
RELEASE   txt1, txt2
```

2. 运行时创建对象

使用 AddObject 方法可以在程序运行中向容器添加对象，其语法格式为：

〈容器对象名〉. AddObject(〈对象名〉,〈类名〉)

说明：

(1) 〈容器对象名〉是接受对象的容器名，〈对象名〉是新创建的对象名称，〈类名〉是新创建对象所在的类名。

(2) 当用 AddObject 方法向容器中添加对象时，对象的 Visible 属性被设置为"假"(.F.)，如果需要显示该对象，就要在代码中将其设为 .T.。

3. WITH…ENDWITH 命令

对于同类的多个对象，使用数组来引用多个对象，可以使代码更加清晰。

给对象的多个属性进行赋值时，可以使用 WITH…ENDWITH 命令，该命令能够方便地指定单个对象的多个属性。其语法格式为：

```
WITH   〈对象名〉
   [.〈属性〉=〈值〉]
ENDWITH
```

4. 对象数组应用示例

下面的例子中，在程序运行时创建一组对象，通过调用数组来引用对象。

【例 7-9】 用"筛去法"找出 1～50 之间的全部素数。

分析:"筛去法"求素数表是由希腊著名数学家 Eratost henes 提出来的,其方法是:在纸上写出 1～n 的全部整数,如图 7-13 所示。

图 7-13 写出 1～50 之间的全部素数

然后逐一判断它们是否为素数,找出一个非素数就把它筛掉,最后剩下的就是素数。具体做法是:

(1) 先将 1 筛掉;

(2) 用 2 去除它后面的每个数,把能被 2 整除的数筛掉,即把 2 的倍数筛掉,如图 7-14 所示;

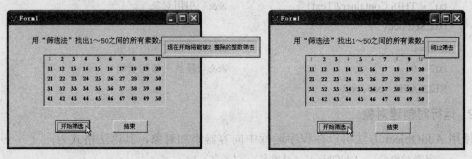

图 7-14 开始用 2 作除数,将 2 的倍数筛掉

(3) 用 3 去除它后面的每个数,把 3 的倍数筛掉;

(4) 分别用 4、5、…各数作为除数去除这些数后面的各数(4 已被筛掉,不必再用 4 当除数,只需用未被筛掉的数作除数即可)。这个过程一直进行到除数为 $\sqrt{n}$ 为止(如果 $\sqrt{n}$ 不是整数就取其整数部分)。筛掉后的结果如图 7-15 所示。

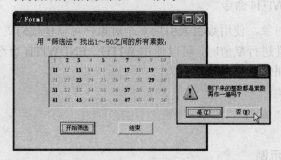

图 7-15 剩下的全是素数

设计步骤如下：

(1) 建立应用程序用户界面与设置对象属性。

进入表单设计器，增加一个标签控件 Label1、一个容器控件 Container1 和两个命令按钮 Command1～Command2。设置各控件的属性，参见图 7-16 所示。

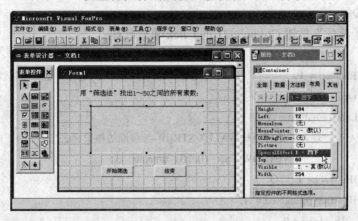

图 7-16　建立用户界面

其中 Container1 的 SpecialEffect 属性改为 1 — 凹下，Height 属性改为 104，Width 属性改为 254。记下这两个数值：Height = 104, Width = 254。高度减去 4(预留的边框)后分为 5 份，宽度减去 4 后分为 10 份。容器中将容纳 50 个小 "标签"，每个标签的大小为 20×25。

(2) 编写程序代码。

编写表单 Form1 的 Destroy 事件代码：

```
Lab = 0
```

编写容器 Container1 的 Init 事件代码：

```
PUBLIC   Lab(5,10)                    &&   创建全局变量数组
FOR   i = 1  TO  50
  k = ALLT(STR(i))
  THIS.AddObject("Lab&k", "Label")    &&   添加标签对象，Label 是标签控件的类名
  Lab(i) = THIS.Lab&k                 &&   将对象赋予数组元素
ENDFOR
FOR   i = 1   TO  5
  FOR   j = 1   TO   10
    WITH   Lab(i, j)
        .Left = 25*(j-1)+2
        .Top = 20*(i-1)+2
        .Height = 20
        .Width = 25
        .Visible = .T.
        .Caption = ALLT(STR((i-1)*10+j))
        .Alignment = 2
```

```
                .FontBold = .T.
                .FontName = "garamond"
            ENDWITH
        ENDFOR
    ENDFOR
```

编写"开始筛选"按钮 Command1 的 Click 事件代码：

```
    n = 50
    Lab(1).Enabled = .F.                    &&  Lab(1).Enabled 是对标签对象属性的引用
    FOR  i = 2  TO  SQRT(n)
      IF  Lab(i).Enabled = .T.
        WAIT  "现在开始将能被"+ALLT(STR(i))+"  整除的整数筛去";
                WINDOW  at  10, 70  timeout  3
        FOR  j = i + 1  TO  n
          IF  Lab(j).Enabled = .T.
            IF  j % i = 0
              WAIT  "将" + ALLT(STR(j)) + "筛去"  WINDOW  at  10, 70  timeout  0.3
              Lab(j).Enabled = .F.
            ENDIF
          ENDIF
        ENDFOR
      ENDIF
    ENDFOR
    a = MESSAGEBOX("剩下来的整数都是素数"+CHR(13)+"再作一遍吗？ ", 4 + 48, "")
    IF  a = 6
      FOR  i = 1  TO  50
        Lab(i).Enabled = .T.               &&  对标签对象属性的赋值
      ENDFOR
    ENDIF
```

编写"关闭"按钮 Command2 的 Click 事件代码：

```
    RELEASE  THISFORM
```

运行程序，结果如图 7-13～图 7-15 所示。

思考与练习

1. 编写竞赛用评分程序：去掉一个最高分和一个最低分，选手最后得分为其余分数的平均值。

2. 有一个 8×6 的矩阵，各元素的值由计算机随机产生，求全部元素的平均值，并输出高于平均值的元素以及它们的行、列号。

3. 设某班共 10 名学生，为了评定某门课程的奖学金，按规定超过全班平均成绩 10% 者发给一等奖，超过全班成绩 5% 者发给二等奖。试编制程序，输出应获奖学金的学生名单 (包括姓名、学号、成绩、奖学金等级)。然后增加一个命令按钮，统计一个班学生 0～9、10～ 19、20～29、…、90～99 及 100 各分数段的人数。

4. 利用随机函数，模拟投币结果。设共投币 100 次，求"两个正面"、"两个反面"、"一 正一反"三种情况各出现多少次。

技能训练

1. 用随机函数生成有 10 个整数的数组，找出其中的最大值及其下标，如图 7-17 所示。

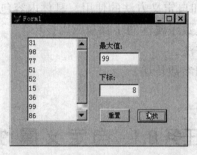

图 7-17 找出数组元素的最大值及其下标

2. 用随机函数生成有 10 个整数的数组，并从大到小排序。然后，键入一个数，把它插 入到排好序的数组中（保持顺序），并将挤出的最大数输出到文本框中，如图 7-18 所示。

图 7-18 数组的排序和插入

第 8 章　自定义属性与自定义方法

前面介绍了 VFP 系统内置的对象属性和方法，为了使用户更方便地开发应用程序，VFP允许用户根据自己的需要，定义自己常用的属性和方法，即自定义属性与自定义方法。

本章将学习自定义属性和自定义方法的使用。具体内容包括：

(1) 自定义属性和自定义数组属性的步骤和应用技巧。

(2) 建立、调用自定义方法。

(3) 主程序和子程序间的参数传递。

(4) 方法的递归调用。

任务 8.1　自定义属性

任务导入

VFP 中，用户可以像定义变量一样自定义各种类型的属性。也就是说，在 VFP 中，可以把内存变量看做是自由的数据元素，而属性就是与某对象相联系的数据元素。属性的作用域是整个对象(如表单)存在的时间。属性的使用需要按照引用格式(即对象.属性)进行。

本任务将学习在 VFP 中添加自定义属性和自定义数组属性的使用方法。

学习目标

(1) 能熟练地添加和应用自定义属性解决实际问题。

(2) 能熟练地添加和应用自定义数组属性解决实际问题。

任务实施

1. 添加自定义属性

在某些场合下，可以使用"属性"来代替使用"变量"。但要注意，在可视化编程中，自定义属性只能依附于表单对象，对于由控件创建的对象，无法增加新的属性。

在表单中添加一个自定义属性(如 Desec)的操作步骤如下：

(1) 进入表单设计器，单击"表单"菜单→"新建属性"命令，打开"新建属性"对话框，如图 8-1 所示。

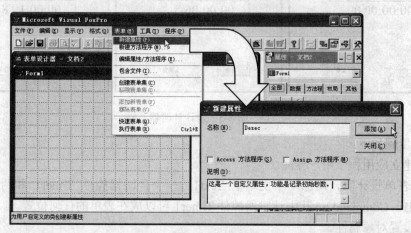

图 8-1　添加自定义属性

(2) 在"新建属性"对话框的"名称(Name)"栏中，输入自定义属性的名称：Desec，然后在"说明"栏中填入该属性的简单说明："这是一个自定义属性，功能是记录初始秒数"。在"说明"栏中的说明内容可有可无，是为了使用方便而附加的备注信息。

(3) 单击"添加"按钮，然后单击"关闭"按钮，退出"新建属性"对话框。

(4) 此时，在属性窗口的"全部"选项卡中可以看见新建的属性及其说明，如图 8-2 所示。

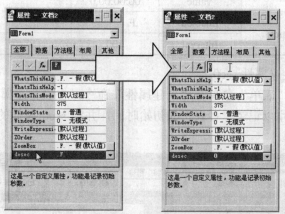

图 8-2　修改自定义属性的值

(5) 新定义属性的类型为逻辑型，值为 .F.。与改变其他属性的方法一样，可以将它改为其他类型，如数值型值：0。

2. 自定义属性应用示例

【例 8-1】　计时器(秒表)可以在运动场上测试短跑项目的成绩，可以记录考试所用的时间等。设计一个计时器，如图 8-3 所示。按"开始"按钮，开始计时，按钮变为"暂停"。再次单击该按钮，停止计时，显示时间读数，同时按钮变为"继续"。任何时候按"重置"按钮，时间读数都将重置为 0。

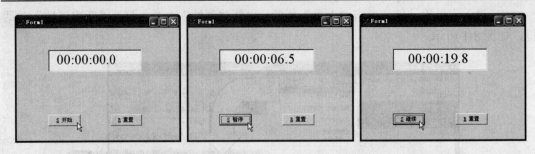

图 8-3　设计计时器

设计步骤如下：

(1) 建立应用程序用户界面。

进入表单设计器，增加一个文本框 Text1、一个计时器控件 Timer1 和两个命令按钮 Command1～Command2。其中计时器控件 Timer1 可以放在表单的任何位置。

(2) 设置对象属性。

设置对象属性，见表 8-1。其他属性设置参见图 8-4 所示。

表 8-1　属 性 设 置

对象	属性	属性值	说明
Command1	Caption	\<S 开始	按钮的标题
Command2	Caption	\<R 重置	按钮的标题
Text1	Alignment	2 — 中间	
	Value	00:00:00.0	
Timer	Enabled	.F. — 假	
	Interval	100	

(3) 增加一个自定义属性 sec0。

选中表单，单击"表单"菜单→"新建属性"命令，在"新建属性"对话框中添加一个自定义属性 sec0，用以记录"秒表"的初始时间，并将 sec0 属性的数据值改为 0，如图 8-4 所示。

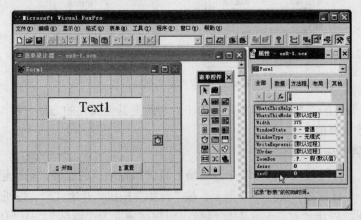

图 8-4　建立计时器用户界面

(4) 编写程序代码。

编写"开始/暂停"按钮 Command1 的 Click 事件代码：

```
IF    THIS.Caption = "\<S  暂停"
    THIS.Caption = "\<S  继续"
    THISFORM.Timer1.Enabled = .F.              &&   暂停显示时间
ELSE
    THIS.Caption = "\<S  暂停"
    THISFORM.Timer1.Enabled = .T.              &&   继续显示时间
ENDIF
```

编写"重置"按钮 Command2 的 Click 事件代码：

```
THISFORM.sec0 = 0                              &&   使用自定义属性
THISFORM.Text1.Value="00:00:00.0"
IF    THISFORM.Command1.Caption = "\<S  继续"
    THISFORM.Command1.Caption = "\<S  开始"
ENDIF
```

编写计时器控件 Timer1 的 Timer 事件代码：

```
b = THISFORM.sec0 + 1                          &&   把自定义属性当做变量使用
THISFORM.sec0 = b                              &&   为自定义变量赋值
a0 = STR(b % 10, 1)
b1 = INT(b / 10)
a1 = IIF(b1 % 60 > 9, STR(b1 % 60, 2), "0"+ STR(b1 % 60, 1))
b2 = INT(b1 / 60)
a2 = IIF(b2 % 60 > 9, STR(b2 % 60, 2), "0"+ STR(b2 % 60, 1))
b3 = INT(b2 / 60)
a3 = IIF(b3 % 60 > 9, STR(b3 % 60, 2), "0"+ STR(b3 % 60, 1))
THISFORM.Text1.Value = a3 + ':'+ a2 + ':'+ a1 + '.'+ a0
```

运行程序，结果如图 8-3 所示。

3. 添加自定义数组属性

数组属性是一组具有不同下标的同名属性，在任何使用数组的地方都可以使用数组属性。但要注意，如同属性是一种依附于表单的特殊变量，数组属性则是一种依附于表单的数组。要使用数组属性，必须先在表单中定义数组属性。

数组属性的定义和设置与自定义属性的设置基本一样，步骤如下：

(1) 在表单设计器中，单击"表单"菜单→"新建属性"命令，打开"新建属性"对话框。

(2) 在"名称"栏中输入数组属性的名称，以及用括号括起来的数组大小，如图 8-5 所示。

(3) 如果能够事先确定数组的维数和大小，就在括号中输入其值，否则可以先随意指定一个，然后在代码中用 DIMENSION 再重新定义。

(4) 单击"添加"按钮后，再单击"关闭"按钮。

图 8-5　定义数组属性

4. 自定义数组属性示例

【例 8-2】　利用数组属性输出斐波那契(Fibonacci)数列。Fibonacci 数列为：1，1，2，3，5，8，…，其中第 n 项的计算公式为：

$$\text{Fib}(n) = \text{Fib}(n-1) + \text{Fib}(n-2)$$

设计步骤如下：

(1) 定义一个数组属性 f(30)。

在"新建属性"对话框中的"名称"框中输入 f(30)，单击"添加"按钮，然后单击"关闭"。

(2) 建立应用程序用户界面与设置对象属性。

选择"新建"表单，进入表单设计器，增加一个标签 Label1、一个微调器控件 Spinner1 和一个列表框 List1，如图 8-6(a)所示。

(a)

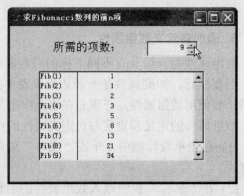

(b)

图 8-6　求 Fibonacci 数列

设置各对象的属性，见表 8-2。

表 8-2　属　性　设　置

对象	属性	属性值
Form1	Caption	求 Fibonacci 数列的前 n 项
Label1	Caption	所需的项数：
Spinner1	KeyBoardHighValue	50
	KeyBoardLowValue	2
	SpinnerHighValue	50.00
	SpinnerLowValue	2.00
	Value	1
List1	ColumnCount	2
	ColumnWidths	60, 160
	RowSource	THISFORM.F
	RowSourceType	5 — 数组

(3) 编写代码。

编写表单 Form1 的 Load 事件代码：

```
DIME    THIS.F(2,2)
THIS.F(1, 1) = "Fib(1)"
THIS.F(1, 2) = 1
THIS.F(2, 1) = "Fib(2)"
THIS.F(2, 2) = 1
```

编写微调器控件 Spinner1 的 InteractiveChange 事件代码：

```
n = THIS.Value
DIME    THISFORM.F(n, 2)
FOR   i = 3   TO   n
  THISFORM.F(i, 1) = "Fib(" + ALLT(STR(i))+")"
  THISFORM.F(i, 2) = THISFORM.F(i-1, 2) + THISFORM.F(i-2, 2)
ENDFOR
THISFORM.List1.NumberOfElements = n
```

运行程序，结果如图 8-6 所示。

【例 8-3】　　使用数组属性存放方阵的元素。设有一个 5×5 的方阵，其中元素是由计算机随机生成的小于 100 的整数。试求主对角线上元素之和及方阵中最大的元素。

设计步骤如下：

(1) 添加自定义属性。

进入表单设计器，首先在表单中添加一个自定义的数组属性 A(5,5)。

(2) 建立应用程序用户界面与设置对象属性。

建立应用程序用户界面与设置对象属性，参见图 8-7 所示。

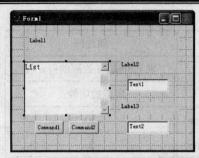

图 8-7 建立应用程序用户界面与设置对象属性

其中列表框 List1 的属性设置参见表 8-3。

表 8-3 属 性 设 置

对象	属性	属性值	说明
List1	ColumnCount	5	
	ColumnLines	.F. — 假	
	ColumnWidths	30,30,30,30,30	
	RowSource	THISFORM.a	
	RowSourceType	5 — 数组	

(3) 编写代码。

编写表单 Form1 的 Activate 事件代码：

```
FOR  i = 1  TO  25              && 产生 25 个不同的随机整数
  yes = 1
  DO  WHILE  yes = 1
    x = INT(RAND() * 100)       && 产生随机整数
    yes = 0
    FOR  j = 1  TO  i - 1
      IF  x = VAL(THIS.a(j))
        yes = 1                 && 如与前面的元素相同，则返回到 DO 循环
        EXIT
      ENDIF
    ENDFOR
  ENDDO
  THIS.a(i) = STR(x, 3)
ENDFOR
THISFORM.Text1.Value = ""
THISFORM.Text2.Value = ""
THIS.List1.Refresh
```

编写"计算"按钮 Command1 的 Click 事件代码：

```
s = 0                          && 累加和初值
FOR  i = 1  TO  5
```

```
      s = s + VAL(THISFORM.a(i, i))                      &&   求各数组元素的和
   ENDFOR
   THISFORM.Text1.Value = s
   THISFORM.Text1.ReadOnly = .T.
   max = 0                                               &&   给最大数一个初值
   FOR   i = 1   TO   5                                   &&   依次判断是否最大数
      FOR   j = 1   TO   5
         IF   max < VAL(THISFORM.a(i, j))
            max = VAL(THISFORM.a(i, j))
            p = i                                         &&   保存最大数所在的行号
            q = j                                         &&   保存最大数所在的列号
         ENDIF
      ENDFOR
   ENDFOR
   THISFORM.Text2.Value = "A(" + STR(p, 1) + "," + STR(q, 1) + ")=" + STR(max, 3)
   THISFORM.Text2.ReadOnly = .T.
```

编写"重置"按钮 Command2 的 Click 事件代码：

```
   THISFORM.Activate
```

运行程序，结果如图 8-8 所示。

图 8-8　矩阵计算

思考与练习

1. 使用数组属性，求矩阵元素的平均值，并输出高于平均值的元素以及它们的行、列号。
2. 使用自定义数组与属性，求任意多数中的最大数。

任务8.2　自定义方法

任务导入

在设计程序时，经常会遇到这种情况：有些运算重复进行，或者某个程序段在程序中

多次重复出现。这些重复运算的程序段基本相同，只不过每次都以不同的参数进行重复。如果重复书写执行这一功能的程序段，将使程序变得冗长，不仅繁琐、容易出错，调试起来也很不便。而且在一个程序中，相同的程序段多次出现，既多占存储空间，又浪费人力和时间。解决这类问题的有效办法是：将上述重复使用的程序段，设计成能够完成一定功能的、可供其他程序使用(调用)的独立程序段。这种程序段称为子程序，它独立存在，但可以被多次调用，调用子程序的程序称为主程序。

　　VFP 中子程序的结构分为过程、函数与方法三类。一般来说，过程与函数的区别在于函数返回一个值而过程不返回值，而方法则是 VFP 中限制在一个对象中的子程序。

　　本任务将学习方法的基本概念，以及自定义方法的建立、调用等。

学习目标

(1) 理解子程序的概念。

(2) 理解自定义方法的概念。

(3) 会建立、调用自定义方法。

(4) 理解参数传递的概念，会正确进行传址和传值方式数据传递。

(5) 会使用方法的递归调用。

任务实施

1. 方法的基本概念

在可视化编程中，"方法"是很常用的，下面介绍 VFP "方法"的特点、分类和命名规则。

1) "方法"的特点

　　"方法"可以像过程那样以传值或传址的方式传递参数，也可以像函数那样返回值，它集中了过程和函数的所有功能与优点。与过程、函数的不同在于方法总是与一个对象密切相联，即仅当对象存在并且可见时方法才能被访问。

2) "方法"的分类

VFP 的方法分为两类：内部方法和用户自定义方法。

　　内部方法是 VFP 预制的子程序，可供用户直接调用或修改后使用。例如，在前面章节中所使用过的 Release、SetAll、SetFocus 等方法。

　　VFP 提供了数十种内部方法，并且允许用户使用自定义的方法。用户自定义方法其实就是用户为某种需要所编写的子程序。

3) "方法"的命名规则

VFP 中方法的命名规则是：

(1) 由字母、汉字、下划线和数字组成，并且必须以字母、汉字或下划线开头。

(2) 可以是 1～128 个字符。

(3) 不能使用 VFP 的保留字。

(4) 方法名不要与变量、数组名称相同，尽量取有意义的名称。

2. 建立自定义方法

自定义方法的建立分为两步：方法的定义和编写方法代码。

1）自定义新方法

(1) 进入表单设计器，单击"表单"菜单→"新建方法程序"命令，打开"新建方法程序"对话框，如图 8-9 所示。

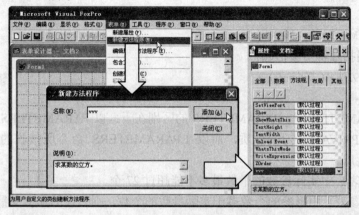

图 8-9　添加新方法

(2) 在"名称"栏中填入自定义方法的名称(如 vvv)。

(3) 在"说明"栏中填入新方法的简单说明(如：求某数的立方)。说明内容可有可无，主要是为了使用方便。

(4) 单击"添加"按钮，将新方法添加到方法程序中。

(5) 单击"关闭"按钮，退出"新建方法程序"对话框。

(6) 此时，在属性窗口的"方法程序"选项卡中可以看见新建的方法及其说明。

2）编写自定义方法的代码

编写自定义方法的代码与编写表单的事件过程代码方法基本一样。

在编写时，可以双击属性窗口的新方法项 vvv，或直接打开"代码"窗口，在"过程"下拉列表中选择新方法 vvv，如图 8-10 所示，编写新方法的代码如下：

　　　　x=val(THISFORM.Text1.text)

　　　　x=x^3

　　　　THISFORM.Label1.Caption=str(x)

3）自定义方法的调用

自定义方法的调用与表单内部方法的调用一样，可以在事件过程或其他的方法代码中调用，如图 8-11 所示。

图 8-10　编写自定义方法的代码　　　　　　图 8-11　自定义方法的调用

3. 参数传递

方法可以接收主程序传递的参数，也可以不接收参数。方法可以有返回值(如函数)，也可以没有返回值(如过程)。

如果需要使方法能够接收参数，则在方法代码的开始部分增加下面的命令行：

　　　　PARAMETERS 〈形参表〉

或

　　　　LPARAMETERS 〈形参表〉

调用时使用括号将实参括起：

　　　　对象名.方法名(〈实参表〉)

说明：

(1) LPARAMETERS 与 PARAMETERS 的区别在于：以 PARAMETERS 命令所接收的参数变量属于 PRIVATE(专用)性质，而以 LPARAMETERS 命令所接收的参数变量属于 LOCAL(局部)性质。

(2) 〈实参表〉中实际参数的个数最多不能超过 27 个。

(3) 若〈形参表〉中形参的个数多于实际参数的个数，则多余的形参变量的值为.F.。若实际参数的个数多于〈形参表〉中形参的个数，则出现"程序错误"提示：必须指定额外参数。

(4) 调用方法时，无论是否指定实际参数，方法名后都可以带一对括号。

(5) 〈实参表〉中的实际参数可以是任何类型的变量、函数、数组、表达式，甚至是对象。

4. 参数传递方式

参数传递的方式分为传址方式和传值方式。

1) 传址方式

传址方式是指主程序将实际参数在内存中的地址传给子程序(被调用的方法)，由形式参数接收，而形式参数也使用该地址。即实际参数与形式参数使用相同的内存地址，形式参数的内容一经改变，实际参数的内容也将随之改变。

2) 传值方式

传值方式是指主程序将实际参数的一个备份传给子程序(被调用的方法)，这个备份可以被子程序改变，但在主程序中变量的原值不会随之改变。

3) 传址或传值方式的区别

传址或传值方式对于数组的影响较大，如果采用传值方式只能传递数组的第一个元素的内容，则其他元素无法传递。如果采用传址方式，则将整个数组的地址传给了被调用的方法，形式参数会自动变成一个与实际参数同样大小的数组。

默认情况下，VFP 在调用方法时采用传值方式。如果要改变参数的传递方式，可以采用以下两种方式：

(1) 使用 SET UDFPARMS TO VALUE|REFERENCE 命令强制改变参数的传递方式。

(2) 使用@符号强制 VFP 使用传址方式。

5. 方法的返回值

如果需要方法返回一个值，则要在方法代码的结束处增加下面的命令行：

　　　RETURN　[〈表达式〉]

如果缺省〈表达式〉，VFP 将自动返回.T.。

当代码执行到 RETURN 命令，就立即返回到主程序中。

在主程序中可用以下形式调用方法：

(1) 在表达式中调用方法，例如，k = x( )*Thisform.Demo(r)。

(2) 在赋值语句中调用方法，例如，k = Thisform.Demo(r)。

(3) 以等号命令调用方法，例如，= Thisform.Demo(r)。以该形式调用方法将舍弃返回值。

6. 自定义方法使用示例

【**例 8-4**】　编写分数化简程序，其中调用求最大公约数的自定义方法，如图 8-12 所示。

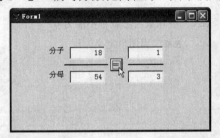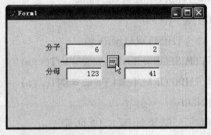

图 8-12　分数化简

设计步骤如下：

(1) 程序界面的设计参见图 8-13 所示。其中，文本框的 InputMask 属性设为 9999999，Value 属性为 0。

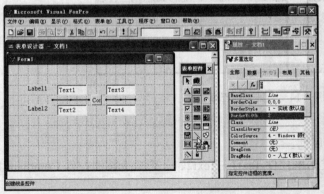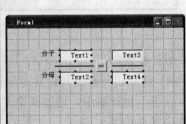

图 8-13　建立用户界面与设置对象属性

(2) 单击"表单"菜单→"新建方法程序"，建立自定义方法 hcf。

(3) 编写求最大公约数的自定义方法 hcf：

```
PARAMETERS  m, n              &&  传递参数
IF   m < n                    &&  使大数在前，否则交换
  t = m
  m = n
```

```
          n = t
   ENDIF
   r = m % n                                &&   求二者的余数
   DO   WHILE   r <> 0                       &&   余数不为 0 时，反复计算
     m = n
     n = r
     r = m % n
   ENDDO
   RETURN   n                               &&   将求出的最大公约数返回
```

(4) 编写"="按钮 Command1 的 Click 事件代码：

```
   x = THISFORM.Text1.Value
   y = THISFORM.Text2.Value
   IF   x * y <> 0                          &&   被除数与除数都不能为 0
     a = THISFORM.hcf(x,y)                  &&   调用自定义方法
     THISFORM.Text3.Value = INT(x / a)
     THISFORM.Text4.Value = INT(y / a)
   ENDIF
```

运行程序，结果如图 8-12 所示。

【例 8-5】　验证哥德巴赫猜想。任何一个不小于 6 的偶数均可以分解为两个素数之和。

分析：任意输入一个不小于 6 的偶数，由计算机将其分解为两个素数之和，如图 8-14 所示。

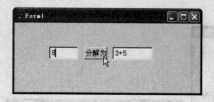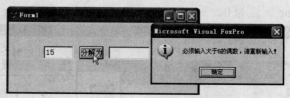

图 8-14　验证哥德巴赫猜想

设计步骤如下：

(1) 建立用户界面与设置对象属性。

在表单设计器中，增加两个文本框控件 Text1～Text2、一个命令按钮控件 Command1。属性设置参见图 8-13。

(2) 建立自定义方法。

在表单中增加一个判断素数的自定义方法 sushu，其代码为：

```
   LPARAMETERS   m                          &&   参数传递
   f = .T.
   IF   m > 3
     FOR   i = 3   TO   SQRT(m)             &&   依次判断
       IF   m % i = 0                       &&   能被整除
```

```
          f = .F.
                EXIT                              &&    无条件跳出循环
            ENDIF
         ENDFOR
     ENDIF
     RETURN   f                                   &&    返回值
```

(3) 编写事件代码。

编写"分解"命令按钮 Command1 的 Click 事件代码：

```
     n = VAL(THISFORM.Text1.Value)
     IF   n % 2 != 0   OR   n < 6                  &&    如果 n 不是偶数或小于 6
        MESSAGEBOX('必须输入大于 6 的偶数，请重新输入！', 64)
     ELSE
        FOR   x = 3   TO   n / 2   STEP   2
           IF   THISFORM.sushu(x)                  &&    调用自定义方法 sushu
              y = n - x
              IF   THISFORM.sushu(y)               &&    调用自定义方法 sushu
                 THISFORM.Text2.Value = ALLT(STR(x)) + '+' + ALLT(STR(y))
                 EXIT                              &&    跳出循环
              ENDIF
           ENDIF
        ENDFOR
     ENDIF
     THISFORM.Text1.SetFocus
```

表单 Form1 的 Activate 事件代码：

```
     THISFORM.Text1.SetFocus                       &&    焦点
```

文本框 Text1 的 InteractiveChange 事件代码：

```
     THISFORM.Text2.Value=''                                    &&    文本框 Text2 中的值置空
```

运行程序，结果如图 8-14 所示。

7. 方法的递归调用

简单地说，递归就是一个过程调用过程本身。在方法的递归调用中，一个方法执行的某一步要用到它自身的上一步(或上几步)的结果。递归调用在处理阶乘运算、级数运算、幂指数运算等方面特别有效。例如，自然数 n 的阶乘可以递归定义为：

$$n! = \begin{cases} 1 & n = 0 \\ n \times (n-1)! & n > 0 \end{cases}$$

使用递归调用来描述显得非常简洁与清晰。

【例 8-6】　如图 8-15 所示，利用递归调用计算 $n!$。

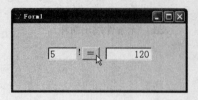

图 8-15　利用递归调用计算 n!

(1) 用户界面的设计以及对象属性的设置参见图 8-15 所示。

(2) 编写求阶乘的递归方法 fact 的代码：

```
LPARAMETERS  n                              &&  参数传递
IF  n > 0
  f = n * THIS.fact(n - 1)                   &&  递归调用方法 fact
ELSE
  f = 1
ENDIF
RETURN  f                                    &&  返回值
```

(3) 编写"＝"命令按钮 Command1 的 Click 事件代码：

```
m = VAL(THISFORM.Text1.Value)
IF  m < 0  OR  m > 20                        &&  对输入数据进行检查
  MESSAGEBOX("非法数据！")
ELSE
  THISFORM.Text2.Value = INT(THISFORM.fact(m))   &&  调用方法 fact
ENDIF
THISFORM.Text1.SetFocus                      &&  设置焦点
```

说明：当 $n > 0$ 时，在方法 fact 中调用 fact 方法，参数为 $n - 1$，这种操作一直持续到 $n = 1$ 为止。

例如，当 $n = 5$ 时，求 fact(5) 的值变为求 $5 \times$ fact(4)；求 fact(4) 的值又变为求 $4 \times$ fact(3)，…，当 $n = 0$ 时，fact 的值为 1，递归结束，其结果为 $5 \times 4 \times 3 \times 2 \times 1$。如果把第一次调用方法 fact 叫做 0 级调用，以后每调用一次级别增加 1，过程参数 n 减 1，则递归调用的过程如下：

递归级别	执行操作
0	fact(5)
1	fact(4)
2	fact(3)
3	fact(2)
4	fact(1)
4	返回 1 fact(1)
3	返回 2　fact(2)
2	返回 6　fact(3)
1	返回 24　fact(4)
0	返回 120　fact(5)

运行程序，结果如图 8-15 所示。

思考与练习

1. 什么是主程序？什么是子程序？使用子程序有什么好处？VFP 中子程序分为哪几类？

2. 过程、函数、方法在 VFP 中有什么区别？

3. 什么是实参？什么是形参？当实参与形参的个数不一致时，VFP 是怎样处理的？

4. 什么是传址调用？什么是传值调用？二者有何区别？

5. 设计倒计时计时器。使其能够设置倒计时的时间，并进行倒计时。

6. 求两个数 n，m 的最大公约数和最小公倍数。

技能训练

1. 使用自定义数组属性，用随机函数生成有 10 个整数的数组，找出其中的最大值及其下标，如图 8-16 所示。

图 8-16　找出数组元素的最大值及其下标

2. 使用自定义方法计算组合数，如图 8-17 所示。在表单中，利用微调器选择参数，然后按等号按钮得到所需的组合数。

图 8-17　计算组合数

第9章 表单集与多重表单

表单中可以包含大量的对象，通过调用相应的方法对这些对象的事件进行处理，可以建立一系列相关的表单，从而完成一个或多个完整的任务。几乎所有的应用软件都有多个不同的用户界面，如果在程序中同时出现表单之间存在频繁的信息交流，可以使用"表单集"来组织表单。如果表单之间存在调用关系，可以利用"多重表单"来组织表单。

本章将学习表单集和多重表单的创建方法。具体内容包括：

(1) 表单集的创建、删除、应用。

(2) 多重表单的建立和应用。

任务9.1 表 单 集

任务导入

在 VFP 中，可以把一系列相关内容加入表单集，从而扩展用户界面。一个表单集包含多个表单，可以把这些表单作为一个组进行操作，从而同时显示或隐藏表单集中的全部表单，并可以可视化地排列多个表单的位置。在一个表单中只有一个数据环境，从而可以同时控制在多个表单中的记录指针。当在一个表单中更改了父表的记录指针时，与之相关的子表中的数据将自动更新。

本任务将学习表单集的创建和使用方法。

学习目标

(1) 会创建表单集。

(2) 会向表单集中添加新表单。

(3) 会从表单集中删除表单。

任务实施

1. 创建表单集

创建表单集是在"表单设计器"中进行的。具体步骤是：

（1）单击"新建"按钮，在"新建"对话框中，选中"表单"选项，单击"新建文件"按钮，进入"表单设计器"。

（2）在主菜单中，单击"表单"菜单→"创建表单集"命令，如图 9-1 所示，即可创建一个新的表单集 FormSet1。

表单集是一个包含有一个或多个表单的父层次容器，该容器不可见。但是，用户可从"属性"窗口的对象下拉列表中查看是否已创建表单集，如图 9-2 所示。

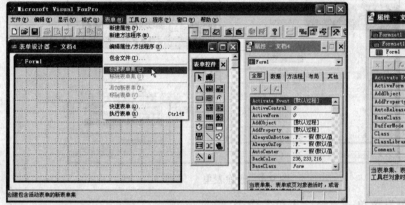

图 9-1　创建表单集

图 9-2　查看表单集

创建表单集以后，该表单集包含原有的一个表单，可向表单集中添加新的表单或删除表单。

2. 向表单集中添加新表单

如果需要向表单集中添加新表单，可以单击"表单"菜单→"添加新表单"命令，如图 9-3 所示。

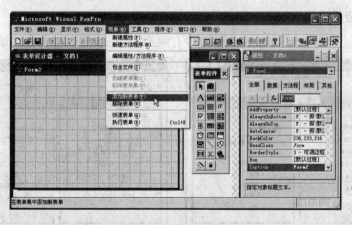

图 9-3　添加新表单

表单以"表"的格式存储在 .scx 后缀的文件中。创建表单时，.scx 表包含了一个表单记录，一个数据环境记录和两个内部使用记录。另外，还为每个添加到表单或数据环境中的对象添加一个记录。如果创建了表单集，则为表单集及每个新表单添加一个附加记录。

每个表单的父容器为表单集，每个控件的父容器为其所在的表单。

3. 从表单集中删除表单

如果需要从表单集中删除表单，步骤为：

(1) 在"属性"窗口的对象列表框中，选定要删除的表单(假如要删除 Form2)，如图 9-4 所示。

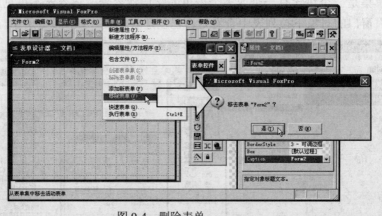

图 9-4　删除表单

(2) 单击"表单"菜单→"移除表单"命令。

(3) 在弹出的删除确认对话框中，选择"是"按钮，表单即被删除。

从"属性"窗口中，可以看到原来的 Form2 表单没有了。

如果表单集中只有一个表单，则无法删除表单。这时只可删除表单集，而余下单个表单。

4. 删除表单集

如果需要删除表单集，单击"表单"菜单→"移除表单集"命令。

5. 表单集应用示例

【例 9-1】　如图 9-5 所示，在表单集中有两个表单，设置属性并在表单之间进行控制。

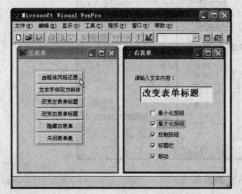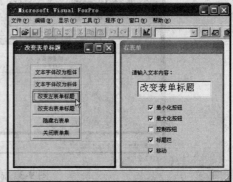

图 9-5　表单集中的不同表单

分析：从图 9-5 中可以看出，右表单的复选框演示了几个常用的表单属性 MinButton、MaxButton、ControlBox、TitleBar 和 Movable。左表单的命令按钮演示了在表单集中不同表单之间即跨表单的控制。

设计步骤如下：

(1) 设计"左表单"。

进入表单设计器，调整"表单设计器"中第一个表单(Form1)的形状，并且修改其 Caption 属性为"左表单"。

在表单中增加一个命令按钮组 CommandGroup1，在按钮组生成器中修改按钮个数为 "6"，并修改各按钮的 Caption 属性分别为：文本字体改为粗体、文本字体改为斜体、改变左表单标题、改变右表单标题、隐藏右表单、关闭表单集。

(2) 创建表单集。

单击"表单"菜单→"创建表单集"，建立表单集 FormSet1。

(3) 设计"右表单"。

单击"表单"菜单→"添加新表单"，表单设计器中出现第二个表单(Form2)，调整其形状和位置，并且修改其 Caption 属性为"右表单"。在其中增加一个标签 Label1、一个文本框 Text1 和 5 个复选框控件 Check1～Check5。各对象的属性设置参见表 9-1。

表 9-1 右表单的属性设置

对　　象	属　性	属 性 值
Label1	Caption	请输入文本内容：
Check1	Caption	最小化按钮
	Value	1
Check2	Caption	最大化按钮
	Value	1
Check3	Caption	控制按钮
	Value	1
Check4	Caption	标题栏
	Value	1
Check5	Caption	移动
	Value	1

修改完成后的表单集如图 9-6 所示。

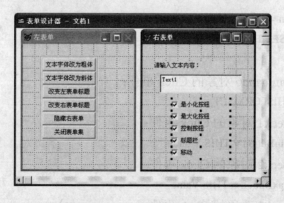

图 9-6 表单集中的两个表单

(4) 编写事件代码。

表单集 Formset1 的 Activete 事件：

```
THIS.Form2.Text1.SetFocus
```

编写左表单中 Command1 的 Click 事件：

```
IF THIS.Caption = "文本字体改为粗体"
    THISFORMSET.Form2.Text1.FontBold = .T.
    THIS.Caption = "由粗体风格还原"
ELSE
    THIS.Caption = "文本字体改为粗体"
    THISFORMSET.Form2.Text1.FontBold = .F.
ENDIF
```

编写左表单中 Command2 的 Click 事件：

```
IF THIS.Caption = "文本字体改为斜体"
    THISFORMSET.Form2.Text1.FontItalic = .T.
    THIS.Caption = "由斜体风格还原"
ELSE
    THIS.Caption = "文本字体改为斜体"
    THISFORMSET.Form2.Text1.FontItalic = .F.
ENDIF
```

编写左表单中 Command3 的 Click 事件：

```
THISFORMSET.Form1.Caption = THISFORMSET.Form2.Text1.Value
```

编写左表单中 Command4 对象的 Click 事件：

```
THISFORMSET.Form2.Caption = THISFORMSET.Form2.Text1.Value
```

编写左表单中 Command5 对象的 Click 事件：

```
IF THIS.Caption = "隐藏右表单"
    THISFORMSET.Form2.Visible = .F.
    THIS.Caption = "显示右表单"
ELSE
    THIS.Caption = "隐藏右表单"
    THISFORMSET.Form2.Visible = .T.
ENDIF
```

编写左表单中 Command6 对象的 Click 事件：

```
RELEASE    THISFORMSET
```

编写右表单中 Check1 对象的 Click 事件：

```
THISFORM.MinButton = THIS.Value
```

编写右表单中 Check2 对象的 Click 事件：

```
THISFORM.MaxButton = THIS.Value
```

编写右表单中 Check3 对象的 Click 事件：

```
THISFORM.ControlBox = IIF(THIS.Value = 1,.T.,.F.)
```

编写右表单中 Check4 对象的 Click 事件：

　　THISFORM.TitleBar = THIS.Value

编写右表单中 Check5 对象的 Click 事件：

　　THISFORM.Movable = IIF(THIS.Value = 1,.T.,.F.)

运行程序，结果如图 9-5 所示。

说明：在运行表单时，如果不想把表单集中的所有表单在初始时就设置为可视的，可以在表单集运行时，将不需显示的表单的 Visible 属性设置为"假"(.F.)，将要显示的表单的 Visible 属性设置为"真"(.T.)。

思考与练习

1. 使用表单集设计口令验证表单与系统表单。如果是合法用户则进入系统表单，否则将关闭表单集。

2. 如图 9-7 所示，使用表单集设计电子标题板程序。

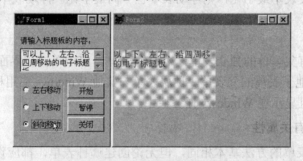

图 9-7　使用表单集设计的电子标题板

任务 9.2　多 重 表 单

任务导入

在表单集中的表单，其"地位"是平等的，不存在主次和上下级关系。多重表单是指具有主从关系的表单，由"主"表单(或称父表单)调用"子"表单，这里"主"、"子"表单处于不同的层次。

本任务将学习多重表单的使用方法。

学习目标

(1) 了解表单的类型。

(2) 会建立子表单、浮动表单、顶层表单。

(3) 会在主表单、子表单之间正确传递参数。

任务实施

1. 表单的类型

VFP 允许创建 3 种类型的表单，即子表单、浮动表单和顶层表单。

1) 子表单

子表单包含在另一个窗口中，用于创建 MDI(多文档界面)应用程序的表单。子表单不可移至父表单(主表单)边界之外，当其最小化时将显示在父表单的底部。若父表单最小化，则子表单也一同最小化。

2) 浮动表单

浮动表单属于父表单(主表单)的一部分，但并不是包含在父表单中。而且，浮动表单可以被移至屏幕的任何位置，但不能在父表单后台移动。若将浮动表单最小化时，它将显示在桌面的底部。若父表单最小化，则浮动表单也一同最小化。浮动表单也可用于创建 MDI 应用程序。

3) 顶层表单

顶层表单是没有父表单的独立表单，用于创建一个 SDI(单文档界面)应用程序，或用作 MDI 应用程序中其他子表单的父表单。顶层表单与其他 Windows 应用程序同级，可出现在其前台或后台，并且显示在 Windows 任务栏中。

2. 多重表单的有关属性

创建各种类型表单的方法基本相同，但无论创建哪种表单，都应设置特定的属性，来指明表单的工作状态。

在前面章节中，已经介绍了表单的常用属性。除此之外，与多重表单有关的表单属性，见表 9-2。

表 9-2　与多重表单有关的表单属性

名　称	功　能
AlwaysOnTop	控制表单是否总是位于其他打开窗口的顶部
Desktop	控制表单是否总是在"桌面"窗口(可以浮动于其他窗口)
ShowWindow	控制表单是在 VFP 主窗口中、顶层表单中或顶层表单

3. 建立子表单

如果要创建子表单，不仅需要指定它应在另一个表单中显示，还需指定是否是 MDI 类的子表单，即指出表单最大化时是如何工作的。

如果子表单是 MDI 类的，它将包含在父表单中，并共享父表单的标题栏、标题、菜单以及工具栏；非 MDI 类的子表单最大化时，将占据父表单的全部用户区域，但仍保留它本身的标题和标题栏。

创建子表单的步骤如下：

(1) 在"表单设计器"中创建或编辑表单。

(2) 设置表单的 ShowWindow 属性：

0 — 在屏幕中(默认)。子表单的父表单是 Visual FoxPro 主窗口。

1 — 在顶层表单中。当子表单显示时，其父表单是活动的顶层表单。如果希望子表单出现在顶层表单窗口内，而不是出现在 VFP 主窗口内，可选用该项设置。这时并不需要专门指定某一顶层表单作为子表单的父表单。

(3) 设置表单的 MDIForm 属性：

MDIForm 属性值为"真"(.T.)：子表单最大化时与父表单组合成一体。

MDIForm 属性值为"假"(.F.)：子表单最大化时仍保留为一独立的窗口。

4. 建立浮动表单

浮动表单是由子表单变化而来的。建立浮动表单的步骤如下：

(1) 在"表单设计器"中创建或编辑表单。

(2) 设置表单的 ShowWindow 属性：

0 — 在屏幕中(默认)。浮动表单的父表单将出现在 VFP 主窗口。

1 — 在顶层表单中。当浮动窗口显示时，浮动表单的父表单将是活动的顶层表单。

(3) 设置表单的 Desktop 属性为"真"(.T.)。

5. 建立顶层表单

建立顶层表单的步骤：

(1) 在"表单设计器"中创建或编辑表单。

(2) 设置表单的 ShowWindow 属性为"2 — 作为顶层表单"。

6. 子表单的显示

如果需在某表单中显示其子表单，只需在顶层表单的事件代码中，用 DO FORM 命令指定要显示的子表单名称。例如，在顶层表单中建立一个按钮，然后在按钮的 Click 事件代码中包含如下命令：

　　　　DO　FORM　MyChild

然后激活顶层表单，如有必要，触发用以显示子表单的事件。

在显示子表单时，顶层表单必须是可视的、活动的。因此，不能使用顶层表单的 Init 事件来显示子表单，因为此时顶层表单还未激活。

7. 主表单、从表单之间的参数传递

主表单在调用子表单时，通过 DO 命令可以实现主从表单之间的参数传递。

1) 主表单接受子表单的返回值

当主表单要接受子表单的返回值时，需使用下面的命令：

　　　　DO　FORM　〈子表单名〉TO　〈内存变量〉

说明：从子表单的返回值存放于〈内存变量〉中，在主表单中可以被使用。

2) 主表单向子表单传递数据

如果主表单需要向子表单传递数据，可以使用下面的命令格式：

　　　　DO　FORM　〈表单文件名〉　WITH　〈实参表〉

说明：在子表单的 Init 事件代码中应该有如下代码接受数据：

PARAMETERS 〈形参表〉

〈实参表〉与〈形参表〉中的参数需用逗号分隔,〈形参表〉中的参数数目不能少于〈实参表〉中的参数数目。多余的参数变量将初始化为.F. — 假。

3) 主表单与子表单相互传递数据

主表单与子表单之间的数据传递,使用下面的命令格式:

    DO FORM 〈表单文件名〉 WITH 〈实参表〉 TO 〈内存变量〉

8. 多重表单示例

【例9-2】 使用主表单和子表单设计口令验证系统。要求,在运行时首先出现"口令验证"窗口输入口令,如果口令3次不正确,将于2秒钟后自动关闭窗口,如图9-8所示。如果口令验证通过,将关闭"口令验证"窗口,显示系统窗口,如图9-9所示。

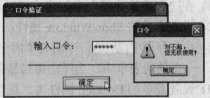

图 9-8 验证口令时密码不正确

图 9-9 验证口令时密码正确后进入系统

首先设计子表单,然后再设计主表单,具体步骤如下。

1) 设计子表单

(1) 设计界面与设置属性。进入表单设计器,调整表单的形状。在表单中增加一个容器控件 Container1 和一个命令按钮 Command1。用鼠标右键单击容器控件,在快捷菜单中选择"编辑",开始编辑容器。在容器中增加一个标签 Label1 和文本框 Text1,如图9-10所示。

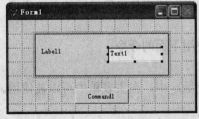

图 9-10 设计口令验证子表单

设置子表单的属性,见表9-3。其他属性参见图9-10所示。

表 9-3 子表单的属性设置

对象	属性	属性值	说 明
Form1	AutoCenter	.T. — 真	自动居中
	BorderStyle	2 – 固定对话框	边框样式
	Caption	口令验证	标题名称
	Closable	.F. — 假	不能双击窗口菜单图标关闭表单
	MaxButton	.F. — 假	无最大化按钮
	MinButton	.F. — 假	无最小化按钮
	WindowType	1 — 模式	必须有
Container1	SpecialEffect	0 — 凸起	
Text1	PasswordChar	*	输入密码时以*代替

(2) 增加自定义属性与方法。在子表单中增加一个自定义属性 cs 来记录口令输入的次数，其初始值设为：1。增加一个自定义方法 Timer0 来控制关闭子表单的时间。

(3) 编写代码。自定义方法 Timer0 的代码：

```
LPARAMETERS   PauseTime                    &&   PauseTime 为暂停时间
Start = SECONDS( )                          &&   设置开始暂停的时刻
DO   WHILE   SECONDS( ) < Start + PauseTime  &&   利用空循环实现暂停
ENDDO
```

编写"确定"按钮 Command1 的 Click 事件代码：

```
a = LOWER(THISFORM.Container1.Text1.Value)
IF   a = "abcd "                             &&   设置密码为"abcd "
  RELEASE   THISFORM                         &&   如果密码正确，关闭本表单
ELSE
  m = THISFORM.cs                            &&   调用自定义属性：次数
  THISFORM.cs = m + 1                        &&   计数器累加 1
  IF   m = 3                                 &&   如果输入 3 次都没输对
    MESSAGEBOX("对不起，" + CHR(13) + "您无权使用！",48,"口令")
    THISFORM.Timer0(2)                       &&   调用自定义方法 Timer0
    RELEASE   THISFORM                       &&   关闭本表单
  ELSE
    MESSAGEBOX("对不起，口令错！请重新输入！",48,"口令")
    THISFORM.Container1.Text1.SelStart=0
    THISFORM.Container1.Text1.SelLength=LEN(THISFORM.Container1.Text1.Text)
    THISFORM.Container1.Text1.SetFocus       &&   设置焦点
  ENDIF
ENDIF
```

编写子表单的 UnLoad 事件代码：

```
IF   THIS.cs = 4
```

```
        RETURN  .F.                    &&  返回值.F.
    ELSE
        RETURN  .T.                    &&  返回值.T.
    ENDIF
```

(4) 保存子表单，以文件名 Pass.scx 存盘退出。

2) 设计主表单

(1) 建立用户界面与设置属性。进入表单设计器，在表单中增加一个标签 Label1，设置其属性如图 9-11 所示。

图 9-11   建立用户界面和设置属性

(2) 编写事件代码。编写表单 Form2 的 Init 事件代码：

```
    DO  FORM  pass  TO  x          &&  接收从子表单 pass 返回的值并放入变量 x 中
    RETURN  x                      &&  根据子表单返回的值来确定是否继续
```

注意，如果表单文件不在默认的文件夹内，还应给出完整的路径名称。

3) 运行程序

运行程序，首先出现"口令验证"表单，如果口令 3 次不正确，将于 2 秒钟后自动关闭表单。如果口令验证通过，将关闭"口令验证"表单，显示系统表单。

9. 隐藏 VFP 主窗口

在运行顶层表单时，如果不想显示 VFP 主窗口，可以用下面两种方法将其隐藏。

1) 利用 Visible 属性

使用应用程序对象的 Visible 属性，按要求隐藏或显示 VFP 主窗口。例如：

在表单的 Init 事件中，包含下列代码行：

```
    Application.Visible = .F.
```

或者，在表单的 Destroy 事件中，包含下列代码行：

```
    Application.Visible = .T.
```

2) 使用配置文件

在配置文件中包含以下行，可以隐藏 VFP 主窗口：

```
    SCREEN = OFF
```

说明：有关配置文件的内容可以参见联机帮助。

思考与练习

1. 表单有哪几种类型？各自的特点是什么？

2. 与多重表单有关的表单属性是什么？

3. 如图 9-12 所示，从主表单中将输入框的"标题"、"信息"和"默认值"传给子表单，然后将子表单输入框中的输入值返回主表单，如图 9-13 所示。

图 9-12 将"标题"、"信息"和"默认值"传给子表单

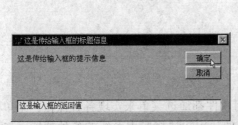
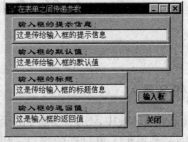

图 9-13 主表单得到返回值

技能训练

设计具有输入对话框的程序，如图 9-14 所示。要求，

(1) 使用表单集设计。

(2) 使用多重表单设计。

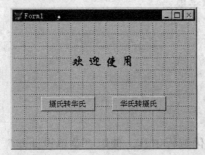
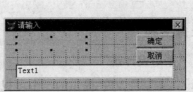

图 9-14 设计输入对话框表单

第 10 章　菜单与工具栏设计

使用菜单或工具栏能有效地组织应用程序的各项功能，使用户更加方便地使用应用程序。对于 VFP 应用程序来说，当操作较简单时，一般通过控件来执行；当要完成较复杂的操作时，使用菜单将更方便。工具栏以其直观、快捷的特点出现在各种应用程序中，使用户不必在一级级的菜单中去搜寻需要的命令，给用户带来比菜单更为快捷的操作。

本章介绍在 VFP 中菜单和工具栏的设计方法。具体内容包括：

(1) 菜单的设计方法。

(2) 工具栏的设计方法。

任务 10.1　菜 单 设 计

任务导入

在 Windows 环境中，几乎所有的应用软件都通过菜单来实现各种操作。菜单的基本作用有两个：一是提供人机对话的接口，以便让用户选择应用系统的各种功能；二是管理应用系统，控制各种功能模块的运行。一个高质量的菜单程序，不仅能使系统美观，而且能使用户使用方便，并可避免由于误操作而带来的严重后果。

本任务将学习 VFP 中菜单设计的方法。

学习目标

(1) 会熟练使用"菜单设计器"快速创建菜单。

(2) 会在自定义菜单中使用系统菜单。

任务实施

1. 使用"菜单设计器"

"菜单设计器"是 VFP 提供的一个可视化编程工具。使用"菜单设计器"可以添加新的菜单选项到 VFP 的系统菜单中(定制已有的 VFP 系统菜单)，也可以创建一个全新的自定义菜单，以代替 VFP 的系统菜单。

打开"菜单设计器"的方法为：

(1) 单击主菜单"文件"→"新建"命令，或者直接单击"新建"按钮 ，打开"新建"对话框，如图 10-1 所示。

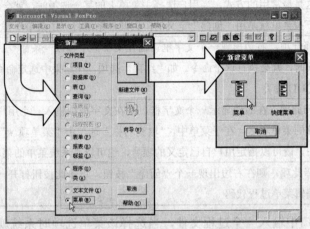

图 10-1　"新建菜单"对话框

(2) 选中"菜单"选项，由于菜单设计器没有相应的向导，因此单击"新建文件"按钮，打开"新建菜单"对话框。

(3) 单击"菜单"按钮，打开"菜单设计器"，如图 10-2 所示。

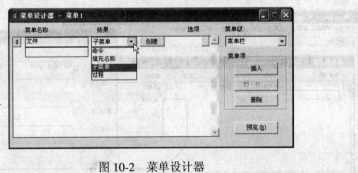

图 10-2　菜单设计器

(4) "菜单设计器"主要包括以下内容：

① 菜单名称。

在菜单系统中指定的菜单标题和菜单项，可为菜单中的各选项定义一个访问键和快捷键。当菜单项名称是英文词汇时，若选首字母是热键，在该选项的名字前加上"\<"，如"\<Edit"。若要另选热键，则要在选项名后加"(\<字母)"，如"编辑(\<E)"。

当在"菜单名称"栏中输入名称后，"菜单名称"栏左边将出现"移动控件"按钮 ，利用它可以调整菜单项之间的顺序。

② 结果。

指定用户在选择菜单标题或菜单项时，将执行的动作。例如，可执行一个命令、打开一个子菜单或运行一个过程。

在"结果"下拉列表中有 4 个选择，它们分别对应 4 种处理方式，其作用见表 10-1。

表 10-1　"菜单设计器"中"结果"的 4 种菜单选项

选项	功　　能
子菜单	选择此项，右边出现"创建"按钮，单击"创建"按钮可以生成一个子菜单。一旦建立了子菜单，"创建"按钮就变为"编辑"按钮，用它修改已经定义的子菜单。这是最常用的方式，当用户选择主菜单上的某一选项时，就会出现下拉菜单，这个下拉菜单就是用"创建"定义的，因此，系统将"子菜单"作为默认选择
命令	选择此项，右边出现一个文字框，需在文字框中输入一条命令。当在菜单中选择此项时，就会执行这个命令。如"结束"选项，在结果中选定命令，在文字框中输入 QUIT 命令
填充名称	选择此项，在右边显示一个文字框，要在文字框中输入一个用户自己定义的或者系统的菜单项名。在子菜单中，"填充名称"选项由"菜单项 #"代替，在这个选项中，既可以指定用户自己定义的项号，也可以是系统菜单的菜单项名字
过程	选择此项，则在右边出现一个"创建"按钮，单击此按钮打开一个编辑窗口，可以编辑菜单过程代码

说明：在编辑窗口中输入一个过程文件，当选择该菜单选项时系统就会自动运行这个过程文件。由于在生成程序时系统会自动生成这个过程名，所以不需要再用 PROCEDURE 命令给这个过程命名。一旦生成了过程文件，"创建"按钮就变为"编辑"按钮。

③ 选项。

单击"选项"按钮显示"提示选项"对话框，如图 10-3 所示。

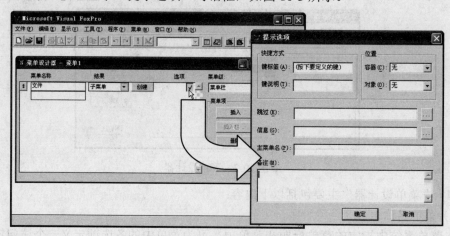

图 10-3　"提示选项"对话框

在"提示选项"对话框中可以定义键盘快捷键、确定废止菜单或菜单项的条件。当选定菜单或菜单项时，在状态栏中包含相应信息，指定菜单标题的名称以及在 OLE 可视编辑期间控制菜单标题位置。

2. 创建自定义菜单

使用"菜单设计器"可以创建菜单、菜单项、菜单项的子菜单和分隔相关菜单组的线条等。下面以一个具体实例来说明创建自定义菜单的方法。

【例 10-1】　利用菜单设计器创建一个菜单，其中包含 5 个菜单项，中间用一条线分隔开。

设计步骤如下：

(1) 打开菜单设计器。

在"项目管理器"中选择"其他"选项卡，选中"菜单"，单击"新建"按钮，在"新建菜单"对话框中，单击"菜单"，如图 10-4 所示，打开"菜单设计器"。

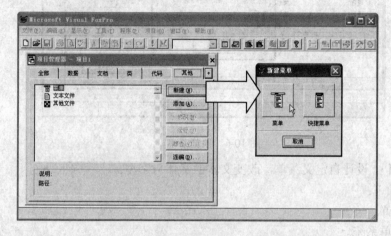

图 10-4　从"项目管理器"中打开菜单设计器

(2) 添加菜单项。

如图 10-5 所示，在"菜单名称"下面的框中输入"选项项目"，"结果"中选择为"子菜单"，然后单击"创建"按钮，向其中添加 6 个菜单项。

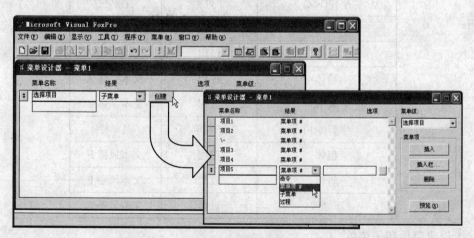

图 10-5　添加菜单项

(3) 预览菜单。

在菜单设计器中，单击"预览"按钮，可以对菜单进行预览，预览的结果如图 10-6 所示。

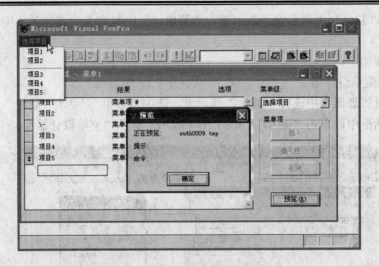

图 10-6　预览菜单

【例 10-2】　设计自定义菜单，改变文本的字体与字型。

设计步骤如下：

(1) 设计菜单。

① 规划菜单系统。

从题中要求可以看出，菜单及菜单项的设置如表 10-2 所示。

表 10-2　菜单及菜单项的设置

菜单名称	结果	菜单级
字体(\<Z)	子菜单	菜单栏
宋体	过程	文本字体 Z
黑体	过程	文本字体 Z
楷体	过程	文本字体 Z
隶书	过程	文本字体 Z
字型(\<F)	子菜单	菜单栏
粗体	过程	文本风格 F
斜体	过程	文本风格 F
下划线	过程	文本风格 F

② 创建菜单和子菜单。

单击常用工具栏上的"新建"按钮 ，在"新建"对话框中，选中"菜单"项，单击"新建文件"，打开"新建菜单"对话框，单击"新建"，打开"菜单设计器"。

首先单击"显示"菜单→"常规选项"命令，如图 10-7 所示，在打开的"常规选项"对话框中，选中"顶层表单"复选框，将菜单定位于顶层表单之中。按"确定"按钮返回菜单设计器。

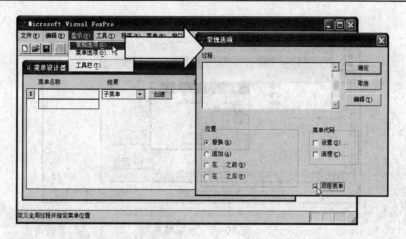

图 10-7　将菜单置于顶层表单

在菜单设计器中输入菜单名:"字体(\<Z)"和"字型(\<F)",如图 10-8 所示,单击"创建"按钮,分别输入子菜单项名,如图 10-8、图 10-9 所示。

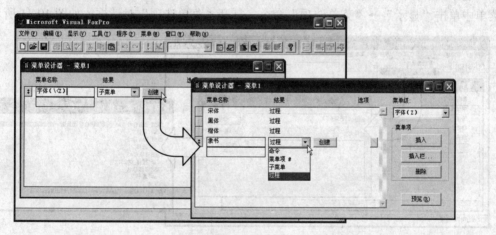

图 10-8　字体子菜单

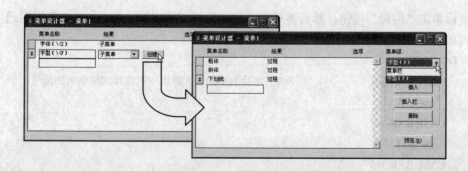

图 10-9　字型子菜单

③ 预览菜单。

单击"预览"按钮,可以预览菜单结果,如图 10-10 所示。

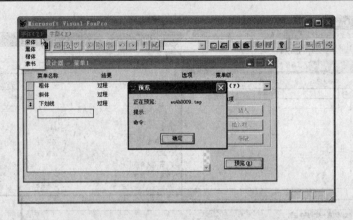

图 10-10　预览菜单

④ 编写菜单代码。

在图 10-10 中，单击"菜单级"下拉列表框，选择"菜单栏"返回到顶层菜单。

选中"字体"项，单击其右边"编辑"按钮，重新进入"字体 Z"的编辑对话框。在主菜单中单击"显示"→"菜单选项"命令，打开"菜单选项"对话框，如图 10-11 所示。

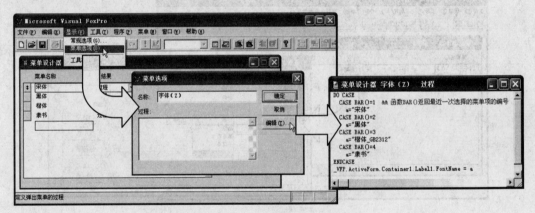

图 10-11　"菜单选项"对话框

用鼠标单击"编辑"按钮，然后再单击"确定"打开编辑器，为"字体 Z"编写通用过程，代码如下：

```
DO CASE
    CASE BAR()=1              &&  函数 BAR()返回最近一次选择的菜单项的编号
        a="宋体"
    CASE BAR()=2
        a="黑体"
    CASE BAR()=3
        a="楷体_GB2312"
    CASE BAR()=4
        a="隶书"
ENDCASE
```

　　　　　_VFP.ActiveForm.Container1.Label1.FontName = a

　　关闭编辑器，返回菜单设计器。在"菜单级"下拉列表框中选择"菜单栏"。再用鼠标单击"字型"子菜单的"编辑"按钮，进入"字型 F"的编辑对话框。分别选中各菜单项的"创建"按钮，为其创建过程代码。

　　⑤ 生成菜单。

　　完成菜单定义后，选择主菜单"菜单"→"生成"命令，选择"是"，在"另存为"对话框中输入菜单名 Menu1，单击"保存"按钮后弹出"生成菜单"对话框，如图 10-12 所示，单击"生成"钮，生成菜单程序 menu1.mpr，至此完成菜单的创建工作。

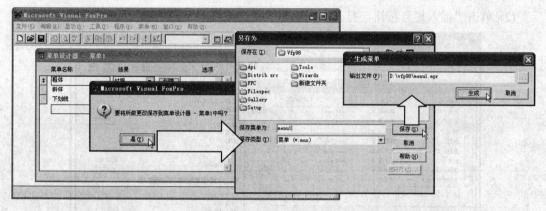

图 10-12　"生成菜单"对话框

(2) 建立表单。

修改表单的 ShowWindow 属性为：2 — 作为顶层表单。

编写表单的 Init 事件代码：

　　　　DO　menu1.mpr　WITH　THIS, .T.

运行表单，即可修改标题板的字体与字型，如图 10-13 所示。

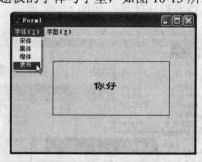

图 10-13　修改标题板的字体和字型

3. 在自定义菜单中使用系统菜单项

　　如果在自定义菜单中使用系统菜单项，那么设计出的菜单系统不仅更规范，而且使菜单设计更简便。操作方法为：

　　(1) 选择"菜单级"下拉列表框中的"菜单栏"，如图 10-14 所示，单击"编辑"子菜单的"创建"按钮，进入"编辑"菜单对话框。

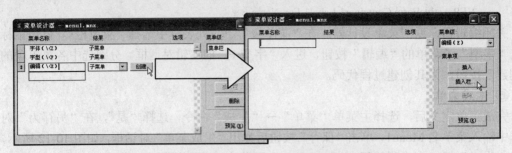

图 10-14　在自定义菜单中使用系统菜单项

(2) 单击"插入栏"按钮，打开"插入系统菜单栏"对话框，如图 10-15 所示。

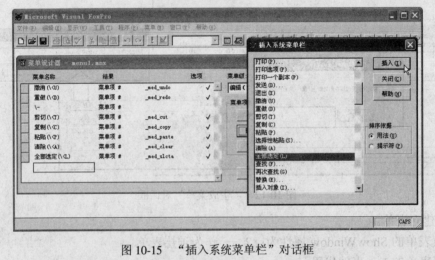

图 10-15　"插入系统菜单栏"对话框

(3) 依次插入所需的菜单项：撤消、重做、剪切、复制、粘贴、清除、全部选定等，适当插入一些分隔线，调整各菜单项的位置。

(4) 单击"预览"按钮，查看设计效果，如图 10-16 所示。

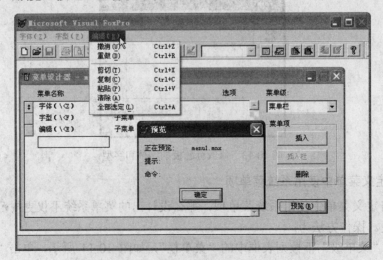

图 10-16　利用系统菜单项后的效果

思考与练习

1. 设计自定义菜单。在表单中增加一个"颜色"菜单，包含"表单颜色"、"文本颜色"两项。

2. 使用菜单控制页面显示，如图 10-17 所示。

 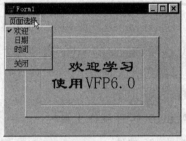

图 10-17　使用菜单控制页面

任务 10.2　工具栏设计

任务导入

在 Windows 的应用程序中，我们经常使用工具栏。工具栏能让用户使用起来更直观、更快捷。在 VFP 中，创建自定义工具栏有 3 种方法：利用"容器"控件、利用与 VFP 一起发布的 ActiveX 控件、利用 VFP 提供的工具栏控件。本任务将学习这 3 种设计工具栏的方法。

学习目标

(1) 会使用"容器"控件制作工具栏。
(2) 会使用 ActiveX 控件制作工具栏。
(3) 会使用 VFP 的工具栏控件制作工具栏。

任务实施

1. 使用容器控件制作工具栏

使用容器控件制作工具栏的方法，前面已经进行了介绍，设计步骤如下：

(1) 进入表单设计器后，增加一个容器控件 Container1，用鼠标右键单击容器控件，在快捷菜单中选择"编辑",然后在容器中添加若干组合框 Combo 和复选框 Check,如图 10-18 所示。

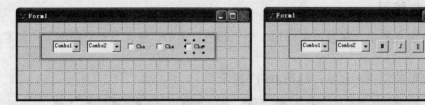

图 10-18　使用容器控件制作工具栏

(2) 设置复选框 Check 的 Style 属性为"1—图形",适当调整容器内各控件的大小和相互的位置,即可得到所需的表单。

(3) 编写程序代码(略)。

2. 使用 ActiveX 控件制作工具栏

1) 添加 ActiveX 控件

ImageList 控件与 ToolBar 控件是与 VFP 一起发布的 ActiveX 控件,专门用来创建工具栏。在使用 ImageList 控件与 ToolBar 控件之前,必须首先将其添加到"表单控件"工具栏中。具体步骤如下:

(1) 单击"工具"菜单→"选项"菜单,打开"选项"对话框。在"控件"选项卡中选中下面两项,如图 10-19 所示,然后按"确定"退出"选项"对话框。

    Microsoft　ImageList　Control, version 6.0

    Microsoft　ToolBar　Control, version 6.0

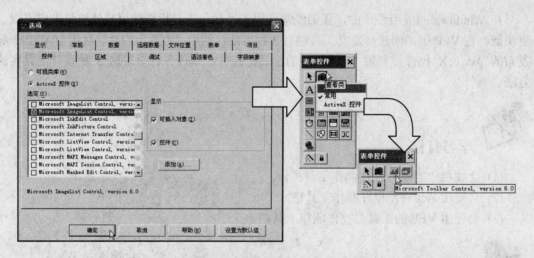

图 10-19　添加 ActiveX 控件

(2) 在"表单控件"工具栏中单击"查看类",在弹出菜单中选择"ActiveX 控件",即可将 ImageList 和 ToolBar 控件添加到"表单控件"工具栏中。

2) 创建具有 Office 风格的工具栏

在文本编辑器中,可以使用 ActiveX 控件制作工具栏,使之具有 Office 风格。设计步骤如下：

(1) 建立用户界面。

在表单上依次增加"ImageList 控件"Olecontrol1 和"ToolBar 控件"Olecontrol2，并将 Olecontrol2 的 Style 属性改为：1 — Transparent。

在表单中添加 ActiveX 控件时，系统会自动给出 OLE 控件名，序号将累计。

(2) 设置 ImageList 控件的属性。

使用 ImageList 控件是为了给工具栏提供图标。用鼠标右键单击 ImageList 控件，在弹出菜单中选择"ImageListCtrl Properties"，打开"ImageListCtrl 属性"对话框。选择"Images"选项卡，单击"InsertPicture"按钮，在"Select picture"对话框中依次选择图片(如 New.bmp、Open.bmp、police.bmp、Cut.bmp、Copy.bmp、Paste.bmp 等)，单击"打开"按钮将图片添加到图标列表中，如图 10-20 所示。按"确定"按钮返回表单设计器。

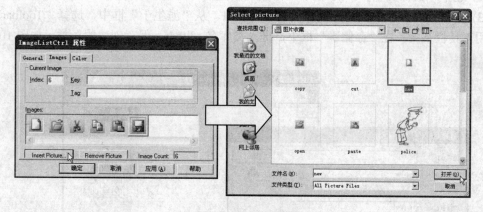

图 10-20　添加图标

(3) 设置 ToolBar 控件的属性。

用鼠标右键单击 ToolBar 控件，在弹出菜单中选择"ToolBar Properties"，打开属性对话框。选择"Buttons"选项卡，按"InsertButton"按钮，依次插入 3 个按钮(Button1～Button3)，其"ToolTipText"属性分别改为：新建文件、打开文件、文件保存，如图 10-21 所示。

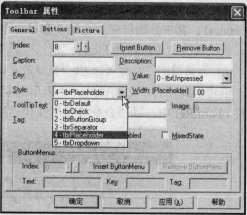

图 10-21　添加按钮

　　然后按"InsertButton"按钮，插入一个分隔线(Style 属性为：4 — tbrPlaceholder)。再按"InsertButton"按钮，依次插入 3 个按钮(Button5～Button7)，其"ToolTipText"属性分别改为：剪切、复制、粘贴。最后再按"InsertButton"按钮，插入一个分隔线(Style 属性为：4 — tbrPlaceholder)。按"确定"按钮，返回表单设计器。

　　【提示】

　　此时表单上看不到图标，这是因为尚未给工具栏连接图形。可以用代码为工具栏连接图形。

3. 使用 VFP 的工具栏控件

　　使用 VFP 提供的工具栏控件设计工具栏，设计步骤如下：

　　(1) 单击"文件"菜单→"新建"命令，打开"新建"对话框。

　　(2) 选中"文件类型"中的"类"，单击"新建文件"按钮，打开"新建类"对话框。

　　(3) 在"类名"框中，键入新类的名称 sditb1。从"派生于"框中，选择"Toolbar"，以使用工具栏基类。在"存储于"框中，键入类库名 sditbar，保存创建的新类。如图 10-22 所示。

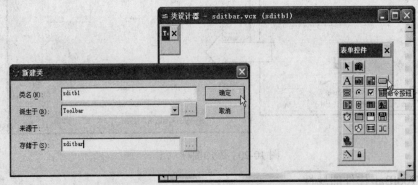

图 10-22　　"新建类"对话框和"类设计器"

　　(4) 单击"确定"按钮，关闭对话框，并打开"类设计器"。

　　"类设计器"不仅形式与"表单设计器"相似，其各种操作也是相似的。

　　(5) 在新建的工具栏类中添加 6 个命令按钮 Command1～Command6 和一个分隔符控件 Separator1。其中分隔符应加在第 3 和第 4 个按钮之间。

　　依次修改命令按钮的 Picture 属性，并调整按钮的大小和位置，如图 10-23 所示。

　　(6) 为新建的工具栏类添加一个自定义属性：oFormRef。

　　创建工具栏时，必须传递一个表单对象作为参数，此对象将存放在工具栏类的自定义属性 oFormRef 中，以便命令按钮事件代码的调用。

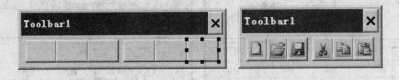

图 10-23　　设计"工具栏类"

思考与练习

1. 在 VFP 中制作工具栏的方法有哪几种？

2. 如图 10-24 所示，在表单中增加工具栏，控制标题板的移动和暂停、标题板的字体风格。

图 10-24 使用工具栏

技能训练

1. 设计一个下拉菜单，如图 10-25 所示。

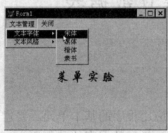 

图 10-25 下拉式菜单

2. 利用容器控件设计的工具栏，可以改变文本的字体和风格，如图 10-26 所示。

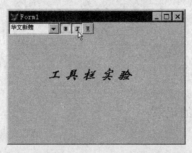

图 10-26 使用工具栏

第 11 章　VFP 数据表

VFP 数据表是将相关数据结合在一个文件中，例如学生成绩管理、同学通信录等。数据表也是 VFP 中最基本的文件类型，所有命令都是针对数据表进行操作的。数据表的操作包括创建新表、处理当前存储在表中的信息、定制已有的表、建立索引等。

本章将学习数据表的基本操作，具体内容包括：

(1) 数据表的建立、浏览。

(2) 修改数据表中的记录。

(3) 修改数据表的结构。

(4) 筛选需要的记录和字段。

(5) 查询满足条件的记录。

(6) 对数据表中的数据进行统计。

任 务 11.1　建 立 数 据 表

任务导入

数据表是处理数据和建立关系型数据库及应用程序的基本单元。要建立数据表，首先要了解数据表中的一些基本概念。本任务将首先学习数据表的基本概念，然后学习数据表的建立、浏览方法。

学习目标

(1) 了解数据表的基本概念。

(2) 能熟练建立数据表。

(3) 能熟练查看数据表中的记录。

任务实施

1. 数据表的基本概念

表名、字段、记录是数据表的"三要素"，我们首先对其进行介绍。

1) 数据表

数据表是一些有组织的数据集合，是一组相关联的数据按行和列排列而成的二维表格，简称为表(Table)。每个数据表均有一个表名，一个数据库由一个或多个数据表组成，各个数据表之间可以存在关联关系。

例如，表 11-1 所示的"学生情况表"就是一个数据表。

表 11-1　学生情况表

学号	姓名	性别	出生时间	入学成绩	所在系	系负责人
2011001	张小红	女	1992 年 7 月 20 日	490	计算机	程明
2011002	李才	男	1992 年 12 月 5 日	540.5	中文	朱荣
2011010	杜莉莉	女	1993 年 11 月 18 日	470	计算机	程明
2011004	王刚	男	1991 年 3 月 12 日	480	数学	刘凤山
2011011	丁大勇	男	1992 年 5 月 7 日	505	数学	刘凤山
2011005	孙倩倩	女	1990 年 2 月 21 日	530	中文	朱荣
2011006	李壮壮	男	1991 年 4 月 6 日	520	计算机	程明
2011012	王英	男	1991 年 9 月 30 日	493	中文	朱荣
2011008	王海强	男	1992 年 11 月 2 日	485.5	中文	朱荣
2011026	张莉莉	女	1991 年 8 月 10 日	510	数学	刘凤山
2011020	黄峰	男	1992 年 7 月 18 日	500	计算机	程明

2) 数据表中的字段

数据库表通常由两部分组成：字段和记录。数据表每列称为一个字段(Field)，它对应表格中的数据项，每个数据项的名称称为字段名，如"学号"、"姓名"、"性别"、"出生时间"、"入学成绩"、"所在系"、"系负责人"等都是字段名。

表中的每一个字段都有特定的数据类型。可用的字段数据类型为数值型、字符型、日期型、逻辑型、浮点型、备注型、货币型、日期时间型、通用型等。

3) 数据表中的记录

字段名称下面的每一行称为一个记录(Record)，每条记录由许多字段组成，多条记录组成为数据表。例如，姓名为"李才"对应的行中所有数据即是一条记录。记录中的每个字段的取值，称为字段值。记录中的数据随着每行记录的不同而变化。

2. 用"表设计器"创建新表

在 VFP 中可以创建两种表，即数据库表和自由表。数据库表是数据库的一部分，而自由表则独立存在于任何数据库之外。

建立数据表最常用的方法是利用"表设计器"，其操作步骤为：

(1) 单击常用工具栏中的"新建"按钮，如图 11-1 所示，在"新建"对话框中选中"表"，然后单击"新建文件"按钮，将打开"创建"对话框。

(2) 在"创建"对话框中，选择保存位置，输入表的名称(如 st)，然后单击"保存"按钮，打开"表设计器"。

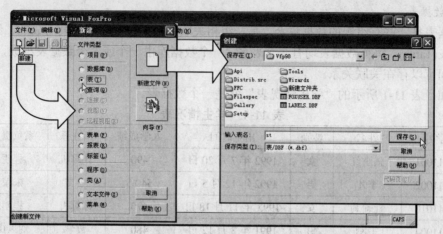

图 11-1 "创建"对话框

(3) 在"表设计器"中，选择"字段"选项卡，如图 11-2 所示，在"字段名"区域键入字段的名称。

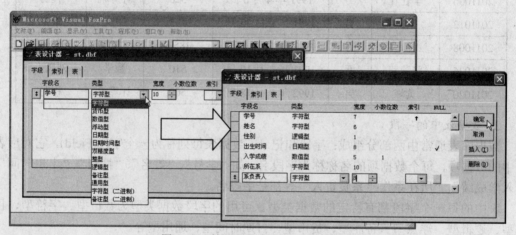

图 11-2 利用"表设计器"创建数据表

在"类型"字段中，选择列表中的某一字段类型。

在"宽度"列中，设置以字符为单位的列宽。

如果"字段类型"是"数值型"或"浮点型"，需设置"小数位数"框中的小数点位数。

如果希望为字段添加索引，可在"索引"列中选择一种排序方式。

如果想让字段能接受空值，需选中"NULL"。在数据库中可能会遇到尚未存储数据的字段，这时的空值与空(或空白)字符串、数值 0 等具有不同的含义，空值就是缺值或还没有确定值。比如表示出生时间的一个字段值，空值表示不知该记录的出生时间。

一个字段定义完后，单击下一个字段名处，输入另一组字段定义，直到把所有字段都定义完毕。

(4) 利用"插入"按钮，可以在已选定字段前插入一个新字段。

(5) 利用"删除"按钮，可以从表中删除选定字段。

(6) 当鼠标指针指向字段名左端的方块时，将变为上下双向箭头，拖动上下箭头可以改变字段的顺序，如图 11-3 所示。

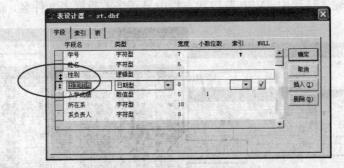

图 11-3　改变字段顺序

(7) 在输入过程中，不能按〈Enter〉键，回车表示整个创建工作结束。定义好各个字段后，可按〈Enter〉键或单击"确定"按钮，这时出现确认对话框，如图 11-4 所示，显示"现在输入数据记录吗？"，若需要马上输入记录则选择"是"，不输入记录则选择"否"。

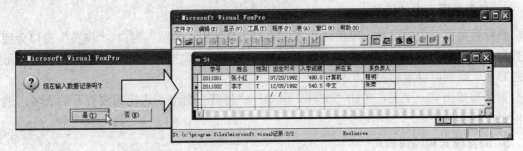

图 11-4　提示输入数据对话框

在此，我们选择"是"，在打开的记录录入窗口中输入两条记录。

3. 追加记录

如果需要在已有的表中追加记录，操作步骤为：

(1) 单击"文件"菜单→"打开"命令，或者单击常用工具栏上的"打开"按钮 ⬚。

(2) 在"打开"对话框中，选择"文件类型"为"表(*.dbf)"，选择表所在的文件夹，选中找到的表文件，单击"确定"按钮，如图 11-5 所示。

(3) 单击"显示"菜单→"浏览"命令，将显示打开的表。

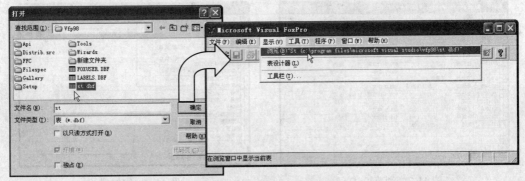

图 11-5　"打开"对话框

(4) 单击"显示"菜单→"追加方式",这时就可以在"浏览"窗口中输入新的记录了,如图 11-6 所示。在输入过程中,VFP 窗口状态栏中显示当前数据表文件名,记录数等信息。

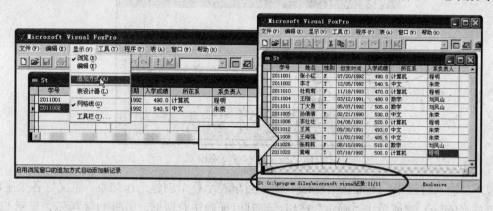

图 11-6　追加记录

4. 查看数据表中的记录

要查看数据表中的记录,最快速和方便的方法是使用"浏览"窗口。"浏览"窗口会列出数据表中所有的记录与字段,用户可以编辑与观察整个数据表中的所有记录数据。显示的内容由一系列可以滚动的行和列组成。

如果需要浏览一个表,单击"文件"菜单→"打开"命令,选定想要查看的表名,然后单击"显示"菜单→"浏览"。

5. 浏览模式和编辑模式

浏览窗口有两种不同的显示模式:浏览模式和编辑模式。更改不同的显示模式可以符合不同的需求。一般而言,编辑模式比较适合于数据的修改与编辑,而浏览模式适合于浏览整个数据表中的记录。

选中"显示"菜单→"浏览"命令,如图 11-7 所示,这时数据表为浏览模式。

编辑模式是以一横行为一字段的格式来显示数据表中的记录数据的,每条记录按照顺序连接显示。可以利用〈PgUp〉和〈PgDn〉键换至上一条、下一条记录。如果要改为编辑模式,可以单击"显示"菜单→"编辑"命令,如图 11-8 所示。

在任何一种方式下,都可以滚动记录,查找指定的记录,以及修改表的内容。

图 11-7　浏览模式　　　　　　　　　　图 11-8　编辑模式

【提示】

单击"显示"菜单→"网格线"命令，可以隐藏"浏览"窗口中的网格线。

6. 移动字段显示位置

在浏览窗口中，字段的相对位置是根据建立字段的顺序显示的，可以根据需要任意移动其相对位置，这并不影响表的实际结构。

在"浏览"窗口中移动字段位置的方法为：直接将列标头拖到新的位置，如图 11-9 所示。

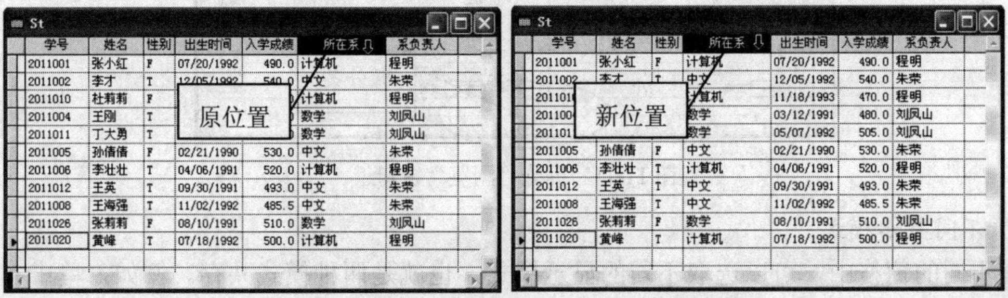

图 11-9　在"浏览"窗口中移动字段位置

也可以单击"表"菜单→"移动字段"命令，然后使用上、下箭头键或左、右键移动列，最后按〈Enter〉键确定。

7. 改变显示列宽

在列标头中，将鼠标指针指向两个字段之间的结合点，拖动鼠标调整列的宽度，如图 11-10 所示。

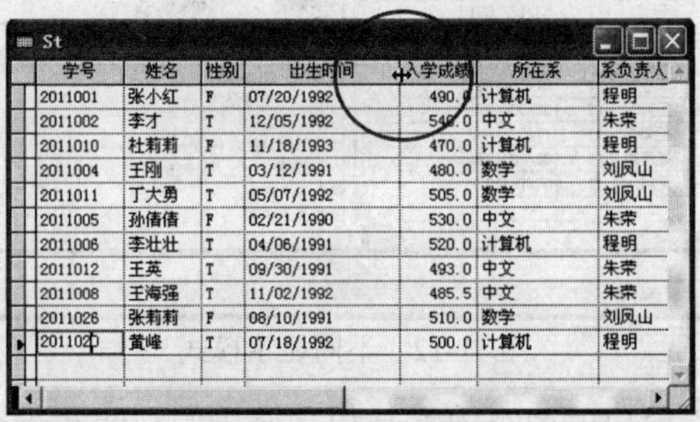

图 11-10　改变显示列宽

也可以先选定一个字段，然后单击"表"菜单→"调整字段大小"，并用左、右箭头键来调整列宽，最后按〈Enter〉键确定。

这种尺寸调整不会影响到字段的长度或表的结构。如果想改变字段的实际长度，应使用"表设计器"修改表的结构。

8. 分割浏览窗口

可将浏览窗口切割成两个部分，以观看不同位置的记录数据，也可以同时在"浏览"和"编辑"模式下查看同一记录。

1) 分割浏览窗口

分割浏览窗口的方法是：将鼠标指针指向窗口左下角的拆分条，向右方拖动拆分条，将"浏览"窗口分成两个窗格，如图 11-11 所示。将指针指向拆分条，向左或向右拖动拆分条，则可以改变窗格的相对大小。

也可单击"表"菜单→"调整分区大小"，用左右光标键移动拆分条，按〈Enter〉键结束。

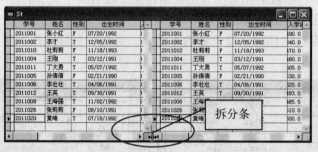

图 11-11　拆分"浏览"窗口

2) 不同显示模式

在不同的窗格中，可以选取不同的显示模式，也就是两种模式共存。例如，单击右窗格中的任意位置，选择"显示"菜单→"编辑"，可以将右窗格改为"编辑"模式，而左窗格仍为"浏览"模式，如图 11-12 所示。

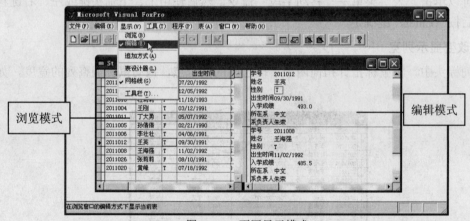

图 11-12　不同显示模式

默认情况下，"浏览"窗口的两个窗格是相互链接的，即在一个窗格中选择了不同的记录，这种选择会反映到另一个窗格中。

取消"表"菜单→"链接分区"命令的选中状态，可以中断两个窗格之间的联系，使它们的功能相对独立。这时，滚动某一个窗格时，不会影响到另一个窗格中的显示内容。

9. 使用命令窗口

为了发挥 VFP 的强大功能，专业人员常常在命令窗口或代码中使用命令。

1) 建新表命令

使用 CREATE〈新表文件名〉命令也可以打开"表设计器"，创建一个新的表文件结构。

使用下述命令可以不使用"表设计器"，直接创建表的结构：

　　　CREATE　TABLE　〈新表文件名〉(〈字段名 1〉〈类型〉(〈长度〉)

[,〈字段名 2〉〈类型〉(〈长度〉)...]

【例 11-1】　在命令窗口中通过命令建立数据表 st，其中包含学号、姓名、性别、出生时间、入学成绩、所在系、系负责人等字段，如图 11-13 所示。

在命令窗口输入：

　　　CREATE　TABLE　St(学号 C(7), 姓名 C(6), 性别 L(1), 出生时间 D(8),;

　　　　　　入学成绩 N(6,1), 所在系 C(10), 系负责人 C(8))

图 11-13　在命令窗口中通过命令建立数据表

2) 打开表命令

使用 USE〈表文件名〉命令可以打开一个已经存在的数据表。如在命令窗口输入下面的命令可以打开数据表 St。

　　　USE　St

3) 关闭表命令

使用不带参数的 USE 命令可以关闭已打开的数据表。

4) 添加记录命令

使用 APPEND 命令可以向打开的数据表中添加记录。使用 APPEND BLANK 命令可以在打开的数据表中添加一个空白记录。

【例 11-2】　增加数据表 st.dbf 中的记录。

如图 11-14 所示，打开数据表后，在命令窗口中输入：

　　　APPEND

在打开的编辑窗口中输入具体的字段值即可。

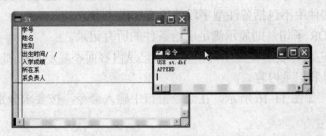

图 11-14　增加记录

【例 11-3】　在数据表 st 中追加一个空记录。

　　　APPEND BLANK

5) 浏览记录命令

在命令方式下进入浏览模式的方法为：首先用 USE 命令打开要操作的数据表，然后键入 BROWSE 命令。

【例 11-4】 在命令方式下浏览 st 数据表中的数据。

在命令窗口中输入下面的命令：

  USE st

  BROWSE

显示效果如图 11-15 所示。

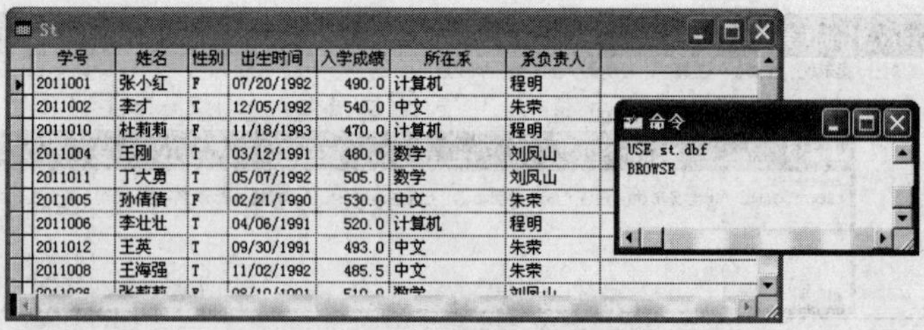

图 11-15 浏览数据

也可以在命令窗口中使用 DISPLAY 和 LIST 命令。

格式 1：

  DISPLAY [〈范围〉][[FIELDS] 〈表达式表〉][FOR 〈条件〉][OFF]

格式 2：

  LIST [〈范围〉][[FIELDS] 〈表达式表〉][FOR 〈条件〉][OFF]

说明：

(1) 〈范围〉是指 ALL、NEXT 〈n〉、RECORD 〈n〉、REST 四种中的一种。

(2) 格式 1 为分页显示记录命令。如果无 FOR 子句，〈范围〉的默认值为当前记录。无〈范围〉或〈条件〉时，只显示当前记录指针位置上的一个记录。若有〈范围〉或〈条件〉选择项，显示满屏时暂停，待按任一键后继续显示后面的内容，直到显示完为止。

格式 2 为连续显示记录命令。当无〈范围〉时，即全部记录 ALL，连续显示直到显示完为止。

(3) 若指定[FIELDS] 〈表达式表〉子句，按指定的表达式显示其内容。若未指定，就显示当前数据库文件中不包括备注型字段的所有字段内容。

(4) 若选定 FOR 子句，则显示满足所给条件的所有记录。

(5) 选用 OFF 时，表示在显示时，只显示记录内容而不显示系统加上的记录号，若无则同时显示记录号和记录内容。

【例 11-5】 如图 11-16 所示，在命令窗口中输入命令，按要求分别显示不同记录。

显示所有记录：

  LIST

显示当前记录：

  DISPLAY

不带记录号显示当前记录：

  DISP OFF

显示男同学的姓名和出生时间：

DISPLAY 姓名,出生时间 FOR 性别

显示入学成绩在 480 分以上的女生的学号、姓名、性别、入学成绩：

LIST OFF "学号:"+学号,姓名,性别,入学成绩 FOR .NOT.性别.AND.入学成绩>=480

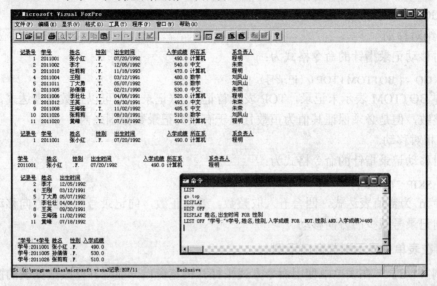

图 11-16　显示记录

10. 移动记录指针

在浏览窗口中，记录的最前端有一个三角形，即记录指针的位置，它表示当前的修改位置，因此如果要修改某一字段，必须移动记录指针到指定的位置才能修改。

1) 在"浏览"窗口中移动记录指针

在"浏览"窗口中移动记录指针的方法有以下 3 种。

(1) 用鼠标方式。用鼠标单击不同的记录，可以移动表的记录指针，显示表中不同的字段和记录。这时记录指针将随之移动，状态栏中的当前记录号也随之变化，如图 11-17 所示。

图 11-17　记录指针

(2) 用键盘方式。可以用箭头键和〈Tab〉键移动。

(3) 用菜单方式。单击"表"菜单→"转到记录"→"第一个"、"最后一个"、"下一个"、"前一个"或"记录号"。如果选择了"记录号"，在"转到记录"对话框中输入待查看记

录的编号，然后选择"确定"。

2) 使用移动指针命令

可以在命令窗口或程序中使用命令来移动记录指针。移动记录指针的命令有两种：绝对移动(GO)和相对移动(SKIP)。

(1) 绝对移动

绝对移动记录指针的命令格式为：

    GO   { BOTTOM | TOP | 〈记录号〉}

其中 BOTTOM 表示末记录，TOP 表示首记录，〈记录号〉可以是数值表达式，按四舍五入取整数，但是必须保证其值为正数且位于有效的记录数范围之内。

(2) 相对移动

相对移动记录指针的命令格式为：

    SKIP   {n | –n}

其中 n 为数值表达式，四舍五入取整数。若是正数，向记录号增加的方向移动；若是负数，向记录号减少的方向移动。

11. 在表单中显示浏览窗口示例

【例 11-6】   在表单中使用命令方式来打开浏览窗口，显示并修改数据表的内容，如图 11-18 所示。

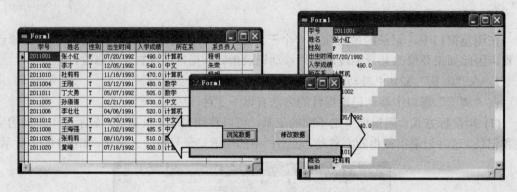

图 11-18   在表单中浏览或修改数据表

设计步骤如下：

(1) 建立应用程序用户界面与设置对象属性。

进入表单设计器，增加两个命令按钮 Command1、Command2，并设置其属性。

(2) 编写代码。

在表单的 Load 事件代码中打开数据表：

    USE   st

在表单的 Destroy 事件代码中关闭数据表：

    USE

在命令按钮 Command1 的 Click 事件代码中打开编辑窗口：

    GO   TOP

    BROWSE

在命令按钮 Command2 的 Click 事件代码中打开浏览窗口：

GO　TOP

EDIT

运行程序，结果如图 11-18 所示。

思考与练习

1. 数据表的"三要素"是什么？数据表的扩展名是什么？

2. 根据表 11-2 的内容建立数据表，并以浏览模式和编辑模式查看数据表中的数据。

表 11-2　教师情况表

系别	编号	姓名	性别	出生日期	婚否	学历	职称
机电系	01001	丁力	男	1966-7-30	已	研究生	副教授
经济管理系	21134	张红红	女	1958-2-12	已	本科	副教授
机电系	02945	李美丽	女	1970-3-27	已	本科	讲师
水利系	30134	孙生	男	1955-11-18	已	研究生	副教授
经济管理系	40014	黄灵儿	女	1980-12-2	未	博士	教授

任务 11.2　编辑数据表

任务导入

建立数据表后，我们经常需要对表中的数据进行修改、排序、查询、统计等。本任务将在上一任务的基础上学习数据表的编辑方法。

学习目标

(1) 能熟练修改数据表中的记录。

(2) 能熟练修改数据表结构。

(3) 能熟练删除数据表中的记录。

(4) 能熟练筛选出需要的记录和字段。

(5) 能熟练对数据表中的记录进行索引和排序。

(6) 能熟练查找出需要的记录。

(7) 能熟练统计数据表中的记录和数据。

任务实施

1. 修改记录

1) 在"浏览"模式下修改记录

如果改变"字符型"字段、"数值型"字段、"逻辑型"字段、"日期型"字段或"日期时间型"字段中的信息，可以把光标设在字段中并编辑信息，或者选定整个字段并键入新的信息。

如果修改"备注型"字段，可在"浏览"窗口中双击该字段或按下〈Ctrl〉+〈PgDn〉键。这时会打开一个"编辑"窗口，其中显示了"备注型"字段的内容。

2) 在"编辑"模式下修改记录

直接在命令窗口使用 EDIT 命令，便可以打开"编辑"窗口，修改打开的数据表。

3) 使用批替换命令

批替换命令 REPLACE 可对字段内容成批自动地进行修改(替换)，而不必在编辑状态下逐条修改。批替换命令的语法格式为：

> REPLACE [〈范围〉] 〈字段名 1〉 WITH 〈表达式 1〉
>
> [, 〈字段名 2〉 WITH 〈表达式 2〉…] [FOR | WHILE〈条件〉]

说明：

(1) 其中〈范围〉选项只能取 ALL、NEXT〈n〉、RECORD〈n〉、REST 四种。

(2) FOR〈条件〉表示对〈范围〉内所有满足〈条件〉的记录执行该命令。

(3) 对指定范围内满足条件的各记录，以〈表达式 1〉的值替换〈字段名 1〉的内容，〈表达式 2〉的值替换〈字段名 2〉的内容…(备注型字段除外)。

(4) 若不选择〈范围〉、FOR〈条件〉子句，则默认为当前记录。

(5) REPLACE 命令不重新定位记录指针，因此，在执行 REPLACE 命令前必须先把记录指针定位到要修改的那个记录。

【例 11-7】 将某数据表中的"总分"字段值设为"语文"与"数学"成绩之和。

命令为：

> REPLACE ALL 总分 WITH 语文+数学

【例 11-8】 修改记录，给女同学的"入学成绩"加 10 分。

> REPLACE ALL 入学成绩 WITH 入学成绩+10 FOR NOT 性别

可以看出，用 REPLACE 命令来替换修改指定的字段非常方便和迅速。

如果要用 REPLACE 命令填充一个新记录的数据，那么这个记录应先用 APPEND BLANK 或 INSERT BLANK 命令生成一个空记录，再填入数据。

【例 11-9】 利用批替换命令填写记录。

> APPEND BLANK
>
> REPLACE 学号 WITH "2011200"，姓名 WITH "丁一"，性别 WITH .T.,出生时间 WITH CTOD("07/19/92"), 入学成绩 WITH 505, 所在系 WITH "计算机"，系负责人 WITH "程明"

2. 删除记录

1) 在浏览窗口删除记录

单击记录左边的小方框，标记待删除的记录，如图 11-19 所示。标记记录并不等于删除记录，属于"逻辑删除"。要想真正地删除记录(物理删除)，应选择"表"菜单→"彻底删除"，当弹出"从…中移去已删除记录？"时，选择"是"，这时将删除所有标记过的记录，并重新排列表中余下的记录。

删除记录时将关闭浏览窗口，若要继续工作，需重新打开浏览窗口。

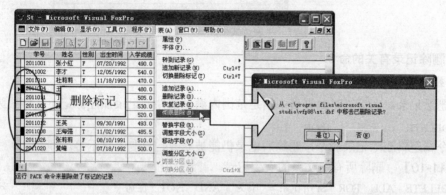

图 11-19 删除记录

2) 删除满足条件的记录

若要有选择地删除一组记录，可单击"表"菜单→"删除记录"命令，打开"删除"对话框，选择删除记录的范围，输入删除条件。

例如，要删除中文系的学生，如图 11-20 所示，在打开的"删除"对话框中，单击"FOR"条件中的"…"按钮，在弹出的"表达式生成器"对话框中，选择或输入条件后，单击"确定"按钮。

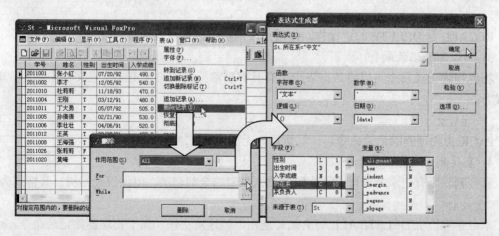

图 11-20 "删除"对话框和"表达式生成器"对话框

返回至"删除"对话框后，单击"删除"按钮，可以看到满足条件的记录左侧被加上了删除标记，如图 11-21 所示。

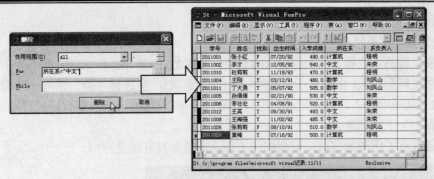

图 11-21 "表达式生成器" 对话框

3. 与删除记录有关的命令

1) 逻辑删除记录命令

逻辑删除记录命令可以对数据表中指定范围内满足条件的记录加注标记，其格式为：

DELETE [〈范围〉] [FOR〈条件〉]

本命令属逻辑删除记录命令，删除后记录仍能被修改、复制、显示等。

【例 11-10】 删除所有中文系的女生记录。

DELETE ALL FOR St.所在系 = "中文" AND NOT 性别

又如，将所有的记录加上删除标记：

DELETE ALL

删除入学成绩≤490 的学生记录：

DELETE ALL FOR 入学成绩 <= 490

2) 恢复删除记录命令

恢复删除记录命令可以恢复数据表中指定范围内满足条件的删除记录。撤消标记，其格式为：

RECALL [〈范围〉] [FOR〈条件〉]

RECALL 是 DELETE 的逆操作，作用是取消标记，恢复成正常记录。

3) 物理删除记录命令

物理删除记录命令可以将数据表中所有具有删除标记的记录正式从表文件中删掉。其格式为：

PACK

PACK 为物理删除记录命令，一旦执行，无法用 RECALL 恢复。

4) 直接删除所有记录命令

直接删除所有记录命令可以一次删除数据表中的全部记录，但保留表结构。其格式为：

ZAP

本命令等价于 DELETE ALL 与 PACK 连用，但速度更快。属于物理删除记录命令，一旦执行，无法恢复。

例如，彻底删除数据表中所有记录：

DELETE ALL

PACK

4. 修改数据表结构

建立表之后，还可以修改表的结构和属性。例如，可能要添加或删除字段，更改字段的名称、宽度、数据类型，改变默认值或规则，添加注释、标题等。

1) 修改表结构

选择"文件"菜单→"打开"命令，选定要打开的表。然后单击"显示"菜单→"表设计器"命令，则打开"表设计器"对话框。表的结构将显示在"表设计器"中，可以直接对其进行修改。

2) 修改表结构的命令

在命令窗口可以使用下面的命令打开表设计器：

　　　　MODIFY　STRUCTURE

说明：

(1) 当输入修改表结构命令后，将会打开表设计器，显示出原表文件结构，这时可以进行修改，其操作过程与建立表结构相同。

(2) 如果需要增加字段，在"表设计器"中选择"插入"按钮。在"字段名"列中，键入新的字段名；在"类型"列中，选择字段的数据类型；在"宽度"列中，设置或输入字段宽度；如果使用的数据类型为"数值型"或"浮点型"，还需要设置"小数位"列的小数位数；如果想让表接受"null"值，应选中"NULL"列。

(3) 如果需要删除表中的字段，应选定该字段，再单击"删除"按钮。

(4) 在修改前，系统自动复制一个后备文件(.BAK 文件)，结构修改完后，记录会自动从后备文件中取回来。

5. 记录筛选

如果只想查看某一类型的记录，例如入学成绩高于某一数值的学生，或者某系的学生，可以通过设置"数据过滤器"对"浏览"窗口中显示的记录进行筛选。

1) 通过界面操作

例如，要筛选出入学成绩在 500 分以上的学生记录，其操作方法为：

(1) 打开表，浏览要筛选的表。

(2) 单击"表"菜单→"属性"命令。在"工作区属性"对话框中的"数据过滤器"框内输入筛选表达式，如图 11-22 所示。或者选择"数据过滤器"框后面的对话按钮，在"表达式生成器"中创建一个表达式来选择要查看的记录。

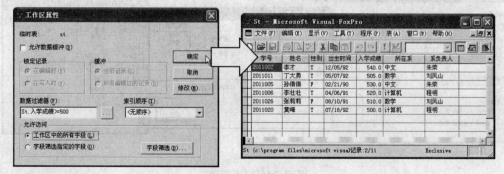

图 11-22　筛选记录

(3) 单击"确定"按钮后，在浏览表时只显示满足筛选条件的记录。

2) 使用命令

可用 SET FILTER 命令筛选记录。该命令的语法格式为：

  SET FILTER TO [〈逻辑表达式〉]

如图 11-23 所示，只显示所有女同学的记录：

  SET FILTER TO NOT St.性别

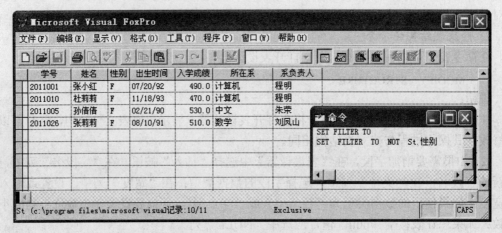

图 11-23   使用筛选命令

如果要关闭当前表的筛选条件，可以执行不带表达式的 SET FILTER TO 命令。

6. 字段筛选

在浏览或使用表时，若只需显示某些指定的字段，可以通过设置字段筛选来实现。

1) 通过界面操作

例如，在表中只显示学生的学号、姓名、性别和入学成绩，其他字段不显示，其操作方法为：

(1) 单击"表"菜单→"属性"命令，打开"工作区属性"对话框。

(2) 选中"字段筛选指定的字段"，单击"字段筛选"，将打开"字段选择器"对话框。

(3) 将所需字段移入"选定字段"栏，如图 11-24 所示，然后选择"确定"返回"工作区属性"对话框。

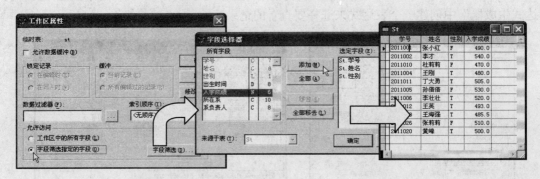

图 11-24   字段筛选

（4）单击"确定"按钮，在浏览窗口中单击"关闭"按钮☒，关闭当前显示的数据表。

（5）单击"显示"菜单→"浏览"命令，这时只有在"字段筛选"中选定的字段被显示出来。

2）使用命令筛选字段

可以使用下面的命令筛选字段：

SET　FIELDS　TO　{ ALL |〈字段名表〉}

其中〈字段名表〉是希望访问的字段名称列表，各字段之间用"，"分开。ALL 选项将取消所有限制，显示所有字段。

7. 索引的基本概念

通常输入记录是不需要按照顺序输入的，然而当数据量大时，如果不按照某种顺序来排序，寻找数据时必须从头到尾搜寻整个数据表，这样效率很低。为了解决这个问题，可以让记录能够按照某种顺序(例如数字大小或字符顺序)来排列，在数据库中该方法称为索引。索引的作用是：使用户能妥善地安排数据表中的数据，快速地维护、查询记录数据。

VFP 索引是由指针构成的文件，这些指针逻辑上按照索引关键字值进行排序。索引文件和表的 .dbf 文件分别存储，并且不改变表中记录的物理顺序。实际上，创建索引是创建一个由指向 .dbf 文件记录的指针构成的文件。如果要根据特定顺序处理表记录，可以选择一个相应的索引，使用索引还可以对表的查询进行操作。

可以在表设计器中定义索引，**VFP** 中的索引共分为 4 种：主索引、候选索引、唯一索引和普通索引。

1）主索引

主索引是指在指定字段或表达式中不允许出现重复值的索引，这样的索引可以起到主关键字的作用，它强调的"不允许出现重复值"是指建立索引的字段值不允许重复。如果在任何已经含有重复数据的字段中建立主索引，**VFP** 将产生错误信息，如果一定要在这样的字段上建立主索引，首先必须删除重复的字段值。

建立主索引的字段可以看做是主关键字，一个表只能有一个主关键字，所以一个表只能创建一个主索引。

主索引可以确保字段中输入值的唯一性，并决定了处理记录的顺序，可以为数据库中的每一个表建立一个主索引。如果某个表已经有了一个主索引，还可以为它添加候选索引。

2）候选索引

候选索引与主索引具有相同的特性，建立候选索引的字段可以看做是候选关键字，所以一个表可以建立多个候选索引。

候选索引像主索引一样要求字段值的唯一性并决定了处理记录的顺序。在数据库表和自由表中均可为每个表建立多个候选索引。

3）唯一索引

唯一索引是为了保持同早期版本的兼容性，它的"唯一性"是指索引项的唯一，而不是字段值的唯一。它以指定字段的首次出现值为基础，选定一组记录，并对记录进行排序。在一个表中可以建立多个唯一索引。

4) 普通索引

普通索引也可以决定记录的处理顺序，它不仅允许字段中出现重复值，并且也允许索引项中出现重复值。在一个表中可以建立多个普通索引。

从以上定义可以看出，主索引和候选索引具有相同的功能，除具有按升序或降序索引的功能外，都还具有关键字的特性，建立主索引或候选索引的字段值可以保持唯一性，它拒绝重复的字段值。

唯一索引和普通索引分别与以前版本的索引含义相同，它们只起到索引排序的作用。这里要注意：唯一索引与字段值的唯一性无关，即建立了唯一索引的字段，它的字段值是可以重复的，它的"唯一"是指在使用相应的索引时，重复的索引字段值只有唯一一个值出现在索引项中。

8. 使用表设计器建立索引

建立索引可以通过使用表设计器建立，也可以通过使用命令方式建立。

使用表设计器建立索引的步骤如下：

(1) 单击"文件"菜单→"打开"命令，选定要打开的表。

(2) 选择"显示"菜单→"表设计器"命令，表的结构将显示在"表设计器"中。

(3) 在"表设计器"中有"字段"、"索引"和"表"三个选项卡，在"字段"选项卡中定义字段时，就可以直接指定某些字段是否是索引项。用鼠标单击定义索引的下拉列表框可以看到有 3 个选项：无、升序和降序(默认为无)。如果选定了升序或降序，则在对应的字段上建立了一个普通索引，索引名与字段名同名，索引表达式就是对应的字段。如图 11-25 所示。

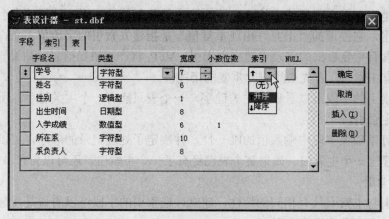

图 11-25　建立普通索引

(4) 如果要将索引定义为其他类型的索引，则需选择"索引"选项卡，在"索引名"框中，键入索引名(如 xh，每个索引都要有一个名称以供识别)。从"类型"列表中，选定索引类型。在"表达式"栏中，输入作为排序标准的表达式(如学号)。单击 xh 左侧的 ↑ 按钮，可设定升序，每单击一下，箭头的方向就上下调换一次。

同样，还可以设定第 2 个索引。

如果要建立复合字段索引，可在"表达式生成器"中输入索引表达式，如图 11-26 所示。

图 11-26　表达式生成器

(5) 当索引设定完毕后，单击"确定"按钮，系统会弹出提示框，如图 11-27 所示，询问"结构更改为永久性更改？"，选择"是"按钮，回到主窗口。

图 11-27　提示框

(6) 单击"显示"菜单→"浏览"命令打开数据表，单击"表"菜单→"属性"命令，在"工作区属性"对话框的"索引顺序"中，选择要用的索引，如图 11-28 所示，单击"确定"按钮后可以看到排序后的结果。

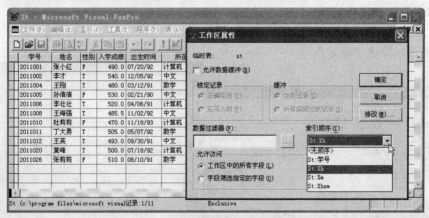

图 11-28　按学号排序后的结果

9. 用命令建立索引

在 VFP 中，一般情况下都可以在表设计器中交互建立索引，特别是主索引和候选索引是在设计数据库时确定好的。但是有时需要在程序中临时建立一些普通索引或唯一索引，这时可以使用命令方式来建立索引。其语法格式为：

  INDEX　ON〈索引表达式〉TAG〈索引名〉

例如，使用以下命令为数据表 St 创建普通索引：

  USE　St

  INDEX　ON　学号　TAG　xh

  INDEX　ON　姓名　TAG　xm

10. 复合索引中索引表达式的使用

在建立索引时，可以在索引表达式中指定多个字段。计算字段的顺序与它们在表达式中出现的顺序相同。

1) 对多个"数值型"字段建立复合索引

如果用多个"数值型"字段建立一个索引表达式，索引将按照字段的和，而不是字段本身对记录进行排序。

2) 对不同数据类型的字段建立复合索引

如果需用不同数据类型的字段作索引，可以在非"字符型"字段前加上数据类型转换函数，将它转换成"字符型"字段。如 STR( )表示将数值型转换成字符型数据，DTOC( )表示将日期型转换成字符型数据。

例如，需按学号、姓名、出生时间、入学成绩的顺序对记录进行排序，可以用 + 号建立"字符型"字段的索引表达式：

  学号 + 姓名 +DTOC(出生时间) + STR(入学成绩,6,1)

11. 在索引中添加筛选表达式

在建立索引时还可以添加筛选表达式，从而控制包含在索引中的记录。操作方法为：

(1) 在"表设计器"的"索引"选项卡中，创建或选择一个索引。

(2) 在"筛选"框中，输入一个筛选表达式，如图 11-29 所示，例如，建立一个年龄在22 岁以上记录的筛选表达式：

  YEAR(DATE()) – YEAR(出生时间) >= 22

(3) 最后，单击"确定"。

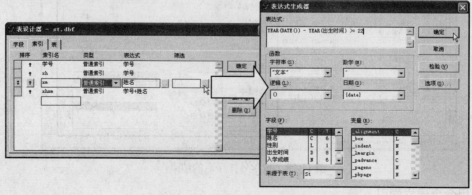

图 11-29　在索引中添加筛选表达式

12. 查找记录

在 VFP 中，除了可以使用筛选表达式来查找和显示记录外，还可以使用命令方式查找记录。VFP 的查找命令有 3 个：FIND、SEEK 和 LOCATE，前 2 个需要使用索引，而后一个可以在无索引的表中进行查找。

1) 打开索引文件

在运行时，可以使用 SET ORDER 命令改变表单中记录的顺序。其格式为：

　　SET　ORDER　TO〈索引文件名〉

其中〈索引文件名〉为按照某个索引表达式建立的索引的标识名。

2) 字符查找命令(FIND)

查找关键字与所给字符串相匹配的第一个记录。若找到，指针指向该记录；否则指向文件尾，给出"没找到"信息。语法格式为：

　　FIND　〈字符串〉|〈数值〉

说明：

(1) FIND 只能查找字符串或常数，而且表必须按相应字段索引。

(2) 查找的字符串无需加引号，若按字符型内存变量查找，必须使用宏代换"&"函数。

(3) 本命令只能找出符合条件的首记录，若要继续查找其他符合条件的记录，可使用 SKIP 命令。

(4) 使用本命令时，若是找到了符合条件的首记录，则置函数 FOUND( )的值为.T.；否则置函数 FOUND( )的值为.F.。

【例 11-11】 在已经建立的索引文件基础上，查找姓名为"李才"和学号为"2011005"、"2011010"的记录。

在命令窗口输入下面的命令：

　　SET　ORDER　TO　xm

　　FIND　李才

　　DISP

　　SET　ORDER　TO　xh

　　FIND 2011005

　　DISP

　　FIND 2011010

　　DISP

查找后的结果如图 11-30 所示。

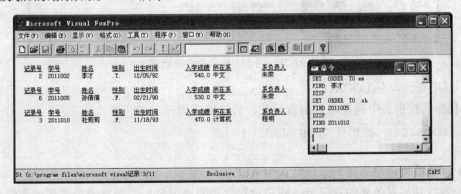

图 11-30　用 FIND 命令查找字符型数据

3) 表达式查找命令(SEEK)

查找关键字与所给字符串相匹配的首记录。若找到，指针指向该记录；否则指向文件尾，给出信息"没找到"。语法格式为：

    SEEK 〈表达式〉

说明：

(1) 只能找出符合条件的首记录。

(2) 本命令可查找字符、数值、日期和逻辑型索引关键字。

(3) 若〈表达式〉为字符串，则需用界限符括起来(' ', " ", [ ])；若按字符型内存变量查找，不必使用宏代换"&"函数。

(4) 使用本命令时，若是找到了符合条件的首记录，则函数 FOUND( )的值为.T.；否则其值为.F.。

【例 11-12】 以性别为关键字建立索引，并查找第一个男生记录和第一个女生记录。

在命令窗口输入下面的命令：

    INDEX ON 性别 TO xb

    SET ORDER TO xb

    LIST

    SEEK .T.

    DISP

    SEEK .F.

    DISP

查找结果如图 11-31 所示。

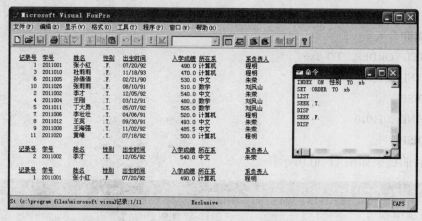

图 11-31 用 SEEK 命令查找记录

4) 顺序查询命令(LOCATE)

查找当前数据表中满足条件的首记录。语法格式为：

    LOCATE [〈范围〉] [FOR 〈条件〉]

说明：

(1) 〈范围〉项缺省时，系统默认为 ALL。

(2) 若找到满足条件的首记录，则记录指针指向该记录，否则指向范围尾或文件尾。

（3）若缺省所有可选项，则记录指针指向 1 号记录。

（4）若想继续找，可以利用下面的继续查找命令(CONTINUE)。

5) 继续查找命令(CONTINUE)

使最后一次 LOCATE 命令继续往下搜索，指针指向满足条件的下一条记录。命令格式为：

　　　　CONTINUE

说明：

（1）使用本命令前，必须使用过 LOCTAE 命令。

（2）此命令可反复使用，直到超出〈范围〉或文件尾。

【例 11-13】　　在数据表中依次查找 1992 年出生的学生记录。

在命令窗口中输入下面的命令：

　　　　USE　ST

　　　　LIST

　　　　LOCATE　FOR　SUBSTR(DTOC(出生时间),7,2)="92"

　　　　DISP

　　　　CONT

　　　　DISP

　　　　CONT

　　　　DISP

查找结果如图 11-32 所示。

图 11-32　顺序查找学生记录

13. 控制重复输入

前面已经介绍过，主索引和候选索引中关键字的字段值必须是唯一的，因此如果某字段设定为这两种索引类型，便可以让 VFP 自动帮用户作数据重复输入的验证工作，而不需用户自己操心此问题。(注意，只有将表添加到数据库后，才能设置主索引。在自由表中，无主索引选项。)

例如，以学号为索引关键字，其类型为"候选索引"，当输入相同的学号数据时，便会出现错误警告从而禁止输入数据，这样可以防止错误数据的输入。操作方法为：

(1) 在浏览窗口中打开数据表 st。

(2) 打开"表设计器"，在"索引"选项卡中将学号选取为"候选索引"，并返回到浏览窗口。

(3) 单击"显示"菜单→"追加方式"，光标跳到最后一行，输入学号数据与上一行相同，按下向下方向键，这时将显示错误信息。如图 11-33 所示，表示学号索引关键字的字段中有数据违反唯一性规则。

(4) 单击"确定"按钮回到该记录作修改，如果单击"还原"按钮会还原记录的内容。

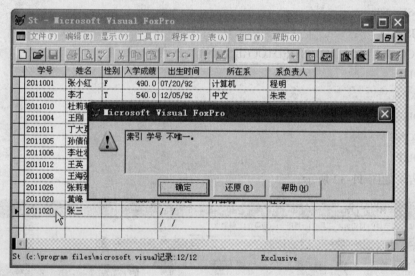

图 11-33　控制重复输入

14. 统计记录数命令 COUNT

建立数据表文件后，常常要对数据表中数值型字段的记录进行统计。

使用 COUNT 命令统计当前数据表中的记录数。格式为：

COUNT [〈范围〉][FOR 〈条件〉][TO 〈内存变量〉]

说明：

(1) 〈范围〉默认为 ALL。

(2) 若选用 TO 〈内存变量〉，则统计结果的值赋给指定的内存变量。

(3) 当记录操作范围为 RECORD n 时，命令执行后记录指针指向范围所确定的记录；当记录范围为 NEXT n 时，命令执行后记录指针指向范围内的最后一条记录；当记录范围为 REST 或 ALL 时，命令执行后记录指针指向库文件的记录尾(EOF()为.T.)。

【例 11-14】　分别统计女生人数和入学成绩≥490 分的学生数。

在命令窗口输入下面的命令：

USE st

```
LIST
COUNT    FOR    .NOT.性别    TO  n
COUNT    FOR    入学成绩>=490    TO  x
?  n,x
```

如图 11-34 所示，显示统计结果分别为 4 个和 8 个。

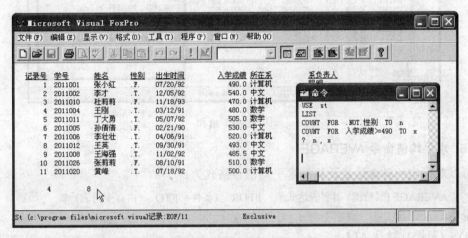

图 11-34　统计记录数

15. 求和命令 SUM

在关系数据库管理系统中处理二维表格较为方便。根据二维表格的方向，求和可分为两种：行向求和及列向求和。

1) 行向求和

行向求和是对同一记录的每个字段求和，可以利用字段变量及 REPLACE 命令求得，它的用法已在前面介绍过。

2) 列向求和

列向求和是对各记录的同一字段求和，由若干条记录值进行相加求得。列向求和用累加求和命令 SUM，格式为：

　　　　SUM [〈范围〉][〈表达式表〉][FOR 〈条件〉][TO 〈内存变量表〉]

说明：

(1) 〈范围〉默认为 ALL。

(2) 若省略〈表达式表〉，则对当前数据表的所有数值型字段求和，即纵向累加相同的数值型的字段值。若有〈表达式表〉，则对所指定的表达式求总和。

(3) 〈表达式表〉中，可以是字段和内存变量。

(4) 若选用 TO 〈内存变量表〉，则求和的结果按顺序分别存入各内存变量。〈内存变量表〉中变量的个数不得少于〈表达式表〉中表达式的个数。

【例 11-15】　求女生入学成绩之和。

在命令窗口中输入下面的命令：

　　　　SUM 入学成绩 FOR NOT 性别 TO nu

如图 11-35 所示，即可得到相应的求和结果。

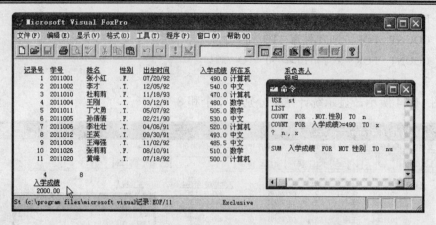

图 11-35　求和

16. 求平均值命令 AVERAGE

可以对指定的各表达式计算算术平均值。格式为：

AVERAGE [〈范围〉][〈表达式表〉][FOR 〈条件〉][TO 〈内存变量表〉]

说明：

(1) 〈范围〉默认 ALL。

(2) 若省略〈表达式表〉，则对当前数据库所有数值型字段求平均值；若有〈表达式表〉，则对表中所指定的表达式求平均值。

(3) 若选用 TO 〈内存变量表〉，则计算的结果按顺序分别存入各内存变量。〈内存变量表〉中变量的个数不得少于〈表达式表〉中字段的个数。

【例 11-16】　求 1992 年出生的学生平均入学成绩。

在命令窗口中输入下面的命令：

AVERAGE　入学成绩　FOR　SUBSTR(DTOC(出生时间),7,2)="92"　TO　pjcj

AVERAGE　FOR　所在系="中文"　TO　pjszx

?　"1992 年出生的学生平均入学成绩为"+str(pjcj)

?　"中文系学生的平均入学成绩为"+str(pjszx)

如图 11-36 所示，可以看到平均入学成绩的输出结果。

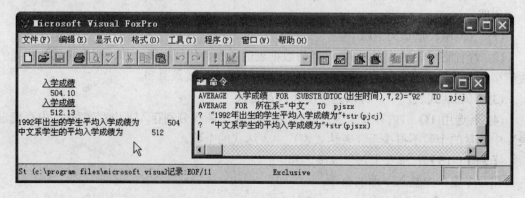

图 11-36　求平均值

思考与练习

1. 根据表 11-3 的内容建立数据表，进行下面的操作：

(1) 列出技术科的人员记录；

(2) 列出科长的编号、姓名、性别；

(3) 按姓名进行排序；

(4) 按照"编号"建立索引并排序；

(5) 按照"编号"和"姓名"建立复合索引，筛选出职称为"高级工程师"以上的记录；

(6) 统计技术科的高级工程师人数。

表 11-3　职工情况表

部门	编号	姓名	性别	出生日期	职务	职称
技术科	01219	方美	女	66-10-1	科长	高级工程师
销售科	12574	陈建强	男	77-11-1		工程师
技术科	95256	李秋红	女	70-2-14		会计师
销售科	24255	杨刚	男	59-12-6	科长	高级工程师

2. 根据表 11-4 的内容建立数据表，进行下面的操作：

(1) 按照"编号"建立索引，并控制编号内容的重复输入；

(2) 统计数据表中的记录数；

(3) 统计该部门共发出工资总额；

(4) 统计共发放奖金数量；

(5) 求职工的平均基本工资。

表 11-4　职工工资表

编号	基本工资	岗位津贴	职务补贴	奖金	水电费	房租	实发工资
01219	1000.00	100.00	500.00	100.00	.00	.00	1700.00
12574	800.00	200.00	400.00	100.00	.00	.00	1500.00
95256	700.00	100.00	300.00	200.00	.00	.00	1300.00
24255	800.00	100.00	600.00	200.00	.00	.00	1700.00

技能训练

建立数据表、录入数据、编辑记录、索引和索引查询等。具体要求：

(1) 创建数据表 salary，表的结构见表 11-5。

表 11-5　工资表 salary.dbf 的表结构

字段名	字段类型	字段宽度	小数位	NULL	说明
Bmh	字符型	2		是	部门号
Gyh	字符型	4		否	雇员号
Xm	字符型	8		是	姓名
Gz	数值型	4		是	工资
Bt	数值型	3		是	补贴
Jl	数值型	3		是	奖励
Yltc	数值型	3		是	医疗统筹
Sybx	数值型	2		是	失业保险
Yhzh	字符型	10		是	银行账号

其结构描述为 salary(bmh(C,2)，gyh(C,4)，xm(C,8)，gz(N,4)，bt(N,3)，jl(N,3)，yltc(N,3)，sybx(N,2)，yhzh(C,10))。

(2) 向数据表 salary 中输入记录，见表 11-6。

表 11-6　工资表 salary.dbf 中的部分数据

部门号	雇员号	姓名	工资	补贴	奖励	医疗统筹	失业保险	银行账号
01	0101	王万程	2580	300	200	50	10	20020101
01	0102	王旭	2500	300	200	50	10	20020102
01	0103	汪涌涛	3000	300	200	50	10	20020103
01	0104	李迎新	2700	300	200	50	10	20020104
02	0201	李现峰	2150	300	300	50	10	20020201
02	0202	李北红	2350	300	200	50	10	20020202
02	0203	刘永	2500	300	400	50	10	20020203
02	0204	庄喜盈	2100	300	200	50	10	20020204
02	0205	杨志刚	3000	300	380	50	10	20020205
03	0301	杨昆	2050	300	200	50	10	20020301
03	0302	张启训	2350	300	500	50	10	20020302
03	0303	张翠芳	2600	300	300	50	10	20020303
04	0401	陈亚峰	2600	350	700	50	10	20020401
04	0402	陈涛	2150	400	500	50	10	20020402
04	0403	史国强	3000	500	600	50	10	20020403
04	0404	杜旭辉	2800	450	500	50	10	20020404
05	0501	王春丽	2100	300	250	50	10	20020501
05	0502	李丽	2350	300	200	50	10	20020502
05	0503	刘刚	2200	300	300	50	10	20020503
01	0105	冯见越	2320	300	200	50	10	20020105
02	0206	罗海燕	2200	300	200	50	10	20020206
01	0106	张立平	2150	300	300	50	10	20020106
05	0504	周九龙	2900	300	350	50	10	20020504
01	0107	周振兴	2120	300	200	50	10	20020107
01	0108	胡永萱	2100	300	200	50	10	20020108
01	0109	姜黎萍	2250	300	200	50	10	20020109
01	0110	梁栋	2200	300	200	50	10	20020110
03	0304	崔文涛	3000	300	800	50	10	20020304

（3）显示 01 部门中的所有雇员的姓名和实发工资。

（4）显示 02 部门中的所有雇员的姓名和工资情况。

（5）设计一个操作数据表的表单，使之具有按记录浏览的功能，如图 11-37 所示。

（6）在数据表 salary 中建立 4 个索引：gyh（候选索引），bmh（普通索引），xm（普通索引），gz（普通索引）。用 Locate 和 Seek 命令，分别实现逐条显示 01 部门的雇员姓名。

（7）设计一个浏览数据的表单，使之具有按字段排序的功能，如图 11-38 所示。

图 11-37　员工工资表

图 11-38　按字段排序

第 12 章 数据库和多表操作

数据库由若干个数据表集合而成，并在这些数据表间建立起彼此的相互关系。例如，某个数据表存储了每位学生的各科成绩，另一个存储学生的通讯地址，还有一个存储学生的家长信息，因此这些数据表之间便可以利用学号这一共同信息连接在一起，形成一个数据库。也就是说，数据库中最小的单位是字段，若干个字段组成一条记录，若干条记录组成一个数据表，若干个数据表组成一个数据库。

本章将介绍创建数据库的方法以及多表之间的操作。具体内容包括：

(1) 创建数据库，在数据库中建立表之间的关系。

(2) 管理数据库中数据表的数据。

任务 12.1 创 建 数 据 库

任务导入

在 VFP 中，把数据表放入数据库中，可减少数据冗余，保护数据的完整性。既可以控制字段如何显示，也可以控制键入到字段中的值，还可以添加视图并连接到一个数据库中，以便更新记录，扩充访问远程数据的能力。

在建立 VFP 数据库时，数据库的扩展名为 .dbc，同时，还会自动建立一个与之相关的扩展名为 .dct 的数据库备注文件和一个扩展名为 .dcx 的数据库索引文件。也就是说，建立数据库后，用户可以在磁盘上看到 3 个文件名相同，但扩展名分别为 .dbc、.dct 和 .dcx 的文件。这 3 个文件是供 VFP 数据库管理系统管理数据库使用的，用户没有特殊权限不能直接使用它们。

刚建立的数据库只是定义了一个空的数据库，它还没有数据，也不能输入数据，接着还需要建立数据表和其他数据库对象，然后才能输入数据和实施其他数据库操作。

本任务将学习创建数据库的方法，以及在数据库中加入数据表、在数据表之间建立关系的方法。

学习目标

(1) 能熟练地创建数据库。

(2) 能熟练地在数据库中加入、移去数据表。

(3) 能熟练地在数据表之间建立关系。

(4) 能熟练地打开数据库。

任务实施

1. 创建数据库的 3 种方法

要想把数据并入数据库中，必须先创建一个新的数据库，然后加入需要处理的表，并定义它们之间的关系。

创建数据库的常用方法有以下 3 种：

● 在项目管理器中创建数据库。

● 通过"新建"对话框创建数据库。

● 使用命令方式交互创建数据库。

2. 在项目管理器中创建数据库

在项目管理器中创建数据库的操作步骤为：

(1) 单击工具栏上的"新建"按钮，在"新建"对话框中选中"项目"，并单击"新建文件"按钮，打开"创建"对话框。

(2) 在"创建"对话框中，输入项目名称，单击"保存"按钮，打开"项目管理器"对话框。

(3) 在"数据"选项卡中选中"数据库"，然后单击"新建"按钮，继续打开"新建数据库"对话框，如图 12-1 所示。

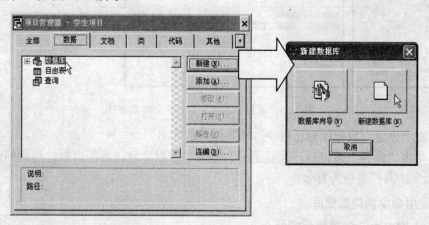

图 12-1 "新建数据库"对话框

(4) 单击"新建数据库"按钮，打开"创建"对话框，如图 12-2 所示，输入数据库名(如"学生情况")，即扩展名为 .dbc 的文件名。

(5) 单击"保存"按钮，则完成数据库的创建，并打开"数据库设计器"。

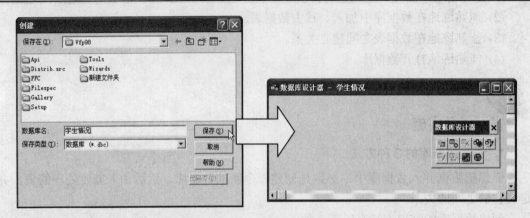

图 12-2 "创建"对话框

3. 通过"新建"对话框创建数据库

通过"新建"对话框创建数据库的操作步骤为:

(1) 单击工具栏上的"新建"按钮口,在"新建"对话框中选中"数据库",然后单击"新建文件"按钮,打开"创建"对话框,如图 12-3 所示。

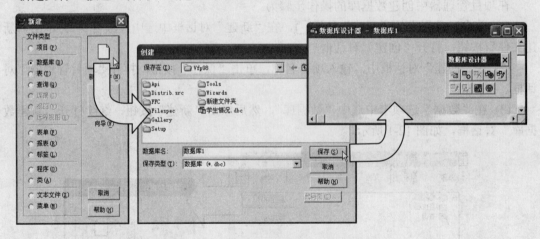

图 12-3 通过"新建"对话框创建数据库

(2) 在"创建"数据库对话框中,输入新数据库名。

(3) 单击"保存"按钮后,会显示一个空的"数据库设计器"窗口,与此同时,"数据库设计器"工具栏将变为有效。

4. 使用命令创建数据库

在命令窗口中,创建数据库的命令是:

  CREATE　DATABASE　[〈数据库名〉]

说明:

(1) 参数〈数据库名〉是要创建的数据库名称;如果不指定数据库名称或使用问号,将弹出"创建"对话框,由用户输入数据库名称。

(2) 与前两种创建数据库的方法不同,使用命令创建数据库后不打开数据库设计器,只是数据库处于打开状态，紧接着不必再使用 OPEN DATABASE 命令来打开数据库。

使用以上 3 种方法都可以创建一个新的数据库，如果指定的数据库已经存在，很可能会覆盖已经存在的数据库。如果系统环境参数 SAFETY 被设置为 OFF 状态，会直接覆盖；否则会出现提示对话框请用户确认。因此，为安全起见，可以先执行命令 SET SAFETY ON。

5. 向数据库中添加表

创建数据库后，就可以向数据库中添加数据表了。可以选定目前不属于任何数据库的表。因为一个表在同一时间内只能属于一个数据库，所以如果需要添加已属于某数据库的表，就必须将该表先从原数据库中移去。

假设已建有数据表 cj(成绩表)和 rk(任课表)，如图 12-4 所示。

图 12-4　数据表 cj 和 rk

向数据库中添加表的操作步骤为：

(1) 从"数据库"菜单或"数据库设计器"工具栏中右击数据库设计器窗口，从中选择"添加表"，弹出"打开"对话框。

(2) 选定一个表后单击"确定"按钮。添加数据表后的数据库，如图 12-5 所示。

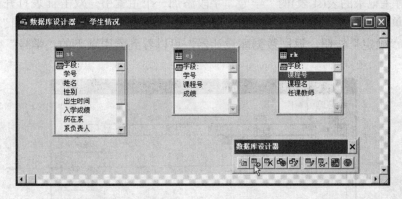

图 12-5　向数据库中添加表

6. 从数据库中移去表

当数据库不再需要某个表或其他数据库需要使用此表时，可以从该数据库中移去此表。其操作步骤为：

(1) 选定要移去的表，选择"数据库"菜单→"移去"，或者单击"数据库设计器"工具栏上的"移去表"按钮，如图 12-6 所示。

(2) 在提示对话框中，单击"移去"。

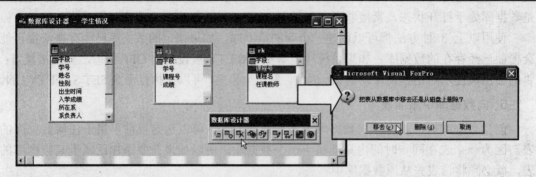

图 12-6　从数据库中移去表

7. 准备关联

只要通过链接不同表的索引，"数据库设计器"就可以很方便地建立表之间的关系。由于这种在数据库中建立的关系被作为数据库的一部分保存起来，所以称为永久关系。以后当在"查询设计器"或"视图设计器"中使用表时，或者在创建表单所用的"数据环境设计器"中使用表时，这些永久关系将作为表间的默认链接。

在表间创建关系前，需要关联的表之间要有一些公共的字段和索引，这样的字段称为主关键字字段和外部关键字字段。主关键字字段标识了表中的特定记录，外部关键字字段标识了存于数据库里其他表中的相关记录。还需要对主关键字字段做一个主索引，对外部关键字字段做普通索引。

以 st 表、cj 表、kc 表为例，建立需要的索引类型和步骤如下：

(1) 决定哪个表有主记录，哪个表有其关联记录。如 st 表中有主记录，cj 表有 st 表的关联记录；kc 表有主记录，cj 表中也有 kc 表的关联记录。

(2) 对有主记录的表(st 表)的"学号"字段添加一个主索引。双击 st 表打开该表，单击"显示"菜单→"表设计器"，在"索引"选项卡中，设置"学号"为"主索引"。如图 12-7 所示，单击"确定"按钮，返回数据库设计器，可以看到索引项下的"学号"前有一钥匙图标。

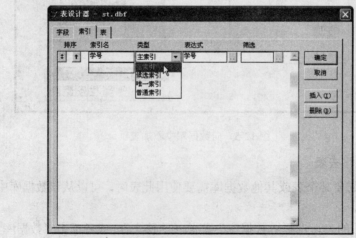

图 12-7　设置 st 表中的"学号"为"主索引"

(3) 双击 rk 表，在"表设计器"的"索引"选项卡中，设置"课程号"为"候选索引"。

(4) 双击 cj 表标题栏，在"表设计器"的"索引"选项卡中，设置"学号"和"课程号"为"普通索引"。

建立各表的索引后，如图 12-8 所示。

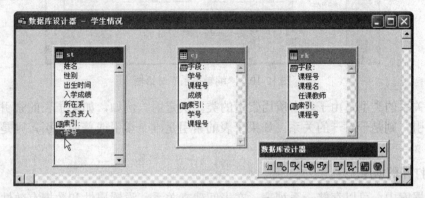

图 12-8　建立数据库各表的索引

【提示】

相同的字段名建立索引时要使用相同的表达式。例如，如果在主关键字字段的表达式中使用一个函数，在外部关键字字段的表达式中也要使用同一个函数。

8. 创建关系

定义完关键字段和索引后，即可创建关系。在表间建立关系的方法为：将一个表的索引拖到另一个表相匹配的索引上。设置完关系之后，在数据库设计器中可看到一条关系线连接两表，如图 12-9 所示。

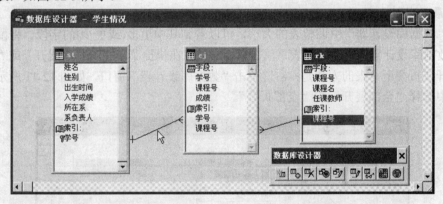

图 12-9　关系线

【提示】

如果建立关系后看不到关系线，可以单击"数据库"菜单→"属性"，在"数据库属性"对话框中选中"关系"，确认后返回即可看到关系线。

9. 编辑关系

双击表间的关系线，打开"编辑关系"对话框，从中修改有关设置，如图 12-10 所示。

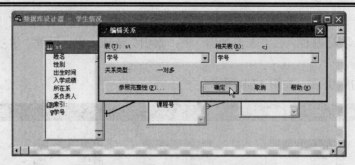

图 12-10 "编辑关系"对话框

所建关系的类型是由子表中所用索引的类型决定的。例如,如果子表的索引是主索引或候选索引,则是一对一的关系;如果子表的索引是唯一索引或普通索引,则是一对多的关系。

10. 打开数据库

在数据库中,可以存储一系列表、在表间建立关系、设置属性和数据有效性规则使相关联的表协同工作。数据库可以单独使用,也可以将它们合并成一个项目,用"项目管理器"进行管理。数据库必须在打开后才能访问它内部的表。

1) 打开数据库文件

单击"文件"菜单→"打开"命令,在打开对话框中,选择数据库名。打开数据库后,显示出"数据库设计器",它向用户展示了组成数据库的若干表以及它们之间的关系。

可以用"数据库设计器"工具栏中的工具,快速进行与数据库有关的操作。在"数据库"菜单中,也包含了各种可用的数据库命令。此外,在"数据库设计器"中单击鼠标右键,通过快捷菜单也可进行数据库的各项操作。

2) 展开或折叠表

在"数据库设计器"中调整表的大小,可以看到其中更多(或更少)的字段。将鼠标指针指向"数据库设计器"中的一个表,单击鼠标右键,在快捷菜单中选择"展开"或"折叠"。

展开或折叠所有表的方法是:右键单击"数据库设计器"窗口,如图 12-11 所示,在快捷菜单中选择"全部展开"或"全部折叠"。

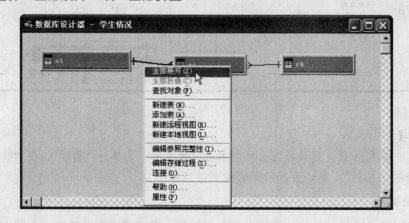

图 12-11 数据库设计器中折叠后的表

3) 重排数据库的表

在"数据库设计器"中，可以改变表的布局。例如，完成数据库操作后，可以让这些表回到缺省的高度和宽度，或者对齐表来改进布局。

操作方法为：单击"数据库"菜单→"重排"，在"重排表和视图"对话框中选择适当的选项，如图 12-12 所示。

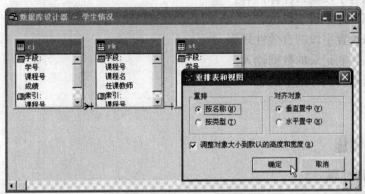

图 12-12 "重排表和视图"对话框

4) 为数据库添加备注

若需使用数据库的说明，可添加注释信息。方法为：单击"数据库"菜单→"属性"，在"数据库属性"对话框的"注释"框输入备注内容。

思考与练习

1. VFP 数据库文件是(   )。

A) 存放用户数据的文件   B) 管理数据库对象的系统文件

C) 存放用户数据和系统数据的文件   D) 前三种说法都对

2. 自由表的扩展名是(   )。

3. 扩展名为 .dbc 的文件是：

A) 表单文件   B) 数据库表文件   C) 数据库文件   D) 项目文件

任务 12.2 管理数据库中的数据

任务导入

当我们建立数据库后，就可以对数据库数据表中的数据进行有效管理了。例如，可以提供字段的默认值，定义输入到字段的有效性规则，使表中数据输入更简便。对库中数据表数据的管理主要包括对字段的定义，控制字段和记录的数据输入，以及管理数据库中的记录等。本任务将学习管理数据库中数据的方法。

学习目标

(1) 能熟练设置字段标题。

(2) 能熟练为字段输入注释内容。

(3) 能熟练设置默认字段值。

(4) 能熟练设置字段的有效性规则。

(5) 能熟练控制记录的数据输入。

(6) 会使用不同工作区中的表。

任务实施

1. 设置字段标题

在表中给字段建立标题，可以在"浏览"窗口显示字段的说明性标签。给字段设置标题的操作步骤为：

(1) 在"数据库设计器"中选定表，单击"数据库"菜单→"修改"。

(2) 在"表设计器"对话框中，选定需要指定标题的字段，如图 12-13 所示。

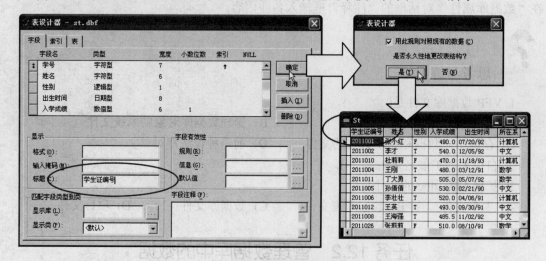

图 12-13　设置字段标题

(3) 在"标题"框中，键入为字段选定的标题。例如，某字段名为"学号"，当使用"学生证编号"作为标题显示该字段时，浏览窗口中原来的"学号"字段名则被替换为"学生证编号"。

(4) 单击"确定"，在弹出的提示框中单击"是"。双击表后，即可在浏览窗口中看到设置字段标题后的效果。

2. 为字段输入注释

建立好表的结构后，还可以输入一些注释，来提醒自己或他人表中的字段含义。在"表设计器"中的"字段注释"框内输入信息,即可对每一个字段进行注释。

3. 设置默认字段值

如果需要在创建新记录时自动输入字段值,可以在"表设计器"中用字段属性为该字段设置默认值。例如,如果学生大部分为 2011 级学生,可把 st 表中"学号"字段的所有新记录都设一个默认值为"2011"。方法为:

(1) 在"表设计器"中选定要赋予默认值的字段。

(2) 在"默认值"框中,键入要显示在所有新记录中的字段值(字符型字段应用引号括起来),如图 12-14 所示。

(3) 单击"确定"按钮。

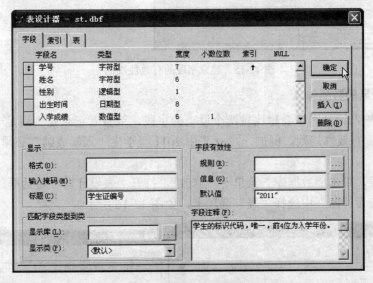

图 12-14 设置默认字段值

4. 设置字段的有效性规则

如果在定义表的结构时设置字段的有效性规则,那么可以控制输入该字段的数据类型。例如,可以限制"学号"字段的前 4 位只能为"2006",并且输入的学号必须满 7 位。操作步骤为:

(1) 在"表设计器"中的"字段"选项卡中,选定要建立规则的字段名。

(2) 在"字段有效性"下的"规则"方框旁边单击 … 按钮。

(3) 在"表达式生成器"中设置有效性表达式:

    SUBSTR(学号,1,4) = "2011" AND LEN(TRIM(学号)) = 7

建立字段的有效性规则时,必须创建一个有效的 VFP 表达式,其中要考虑到这样一些问题:字段的长度、字段可能为空或者包含了已设置好的值等等。表达式也可以包含结果为真或假的函数。

(4) 在"信息"框中键入用引号括起的错误信息,例如,显示"学号输入错误",如图 12-15 所示。如果输入的信息不能满足有效性规则,在"有效性说明"中设定的信息便会显示出来。

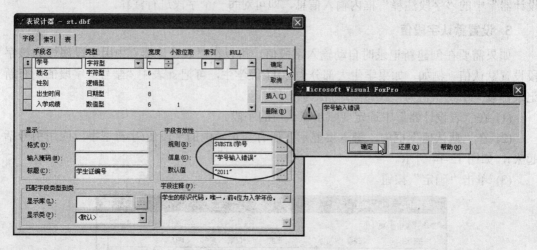

图 12-15　建立字段的有效性规则

5. 控制记录的数据输入

在向表中输入记录时，要想比较两个以上的字段，或查看记录是否满足一定的条件，则可以为表设置有效性规则。例如，在 st 表中 2011 级学生"入学成绩"必须为 450～650。操作步骤为：

(1) 选定表，单击"数据库"菜单→"修改"，打开"表设计器"对话框。

(2) 在"表设计器"中选择"表"选项卡，如图 12-16 所示。

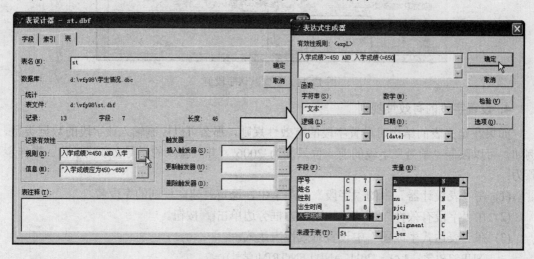

图 12-16　设置表的有效性规则

(3) 在"记录有效性"下的"规则"框中，输入下面的表达式，或单击 ... 按钮使用"表达式生成器"。

入学成绩>=450 AND 入学成绩<=650

(4) 在"信息"框中输入提示信息"入学成绩应为 450～650"，当有效性规则未被满足时将会显示该信息。

(5) 选择"确定"，在"表设计器"中再次选择"确定"。

6. 多工作区的概念

前面介绍的操作都是在当前表中进行的，似乎默认了在同一时刻只能使用一个表、只能对一个表进行操作。事实上并非如此，在 VFP 中一次可以打开多个数据库，在每个数据库中都可以打开多个表，另外还可以打开多个自由表。

用来存放数据库文件的内存空间称为工作区。在每个工作区中可以打开一个表，即在一个工作区中不能同时打开多个表。如果在同一时刻需要打开多个表，则只需要在不同的工作区中打开不同的表就可以了。系统默认总是在第 1 个工作区中工作，以前没有指定工作区，实际都是在第 1 个工作区打开表和操作表。

选择当前工作区的命令格式为：

　　SELECT 〈工作区 | 别名 10 〉

说明：

(1) 〈工作区〉可用工作区号 1～32767。

　　SELECT　1　　　　　　　　　　&&　开辟工作区 1

　　USE　st　　　　　　　　　　　&&　打开工作区 1 中的数据表

　　SELECT　2　　　　　　　　　　&&　开辟工作区 2

　　USE　cj　ALIAS　chengji　　　　&&　表别名 chengji 将代替表名 cj

　　SELECT　3　　　　　　　　　　&&　开辟工作区 3

　　USE　rk

(2) 如果使用〈别名〉，则必须事先已有数据表在该区打开，并且其〈别名〉已经被命名。

　　SELECT　chengji　　　　　　　&&　用表别名选择工作区

　　BROWSE

显示如图 12-17 所示。

图 12-17　打开别名 chengji 表

　　SELECT　A　　　　　　　　　　&&　用区码选择工作区

　　BROWSE

显示如图 12-18 所示。

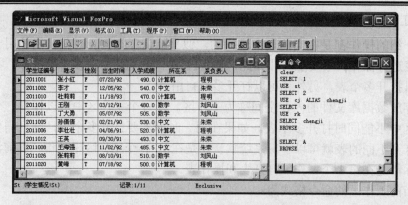

图 12-18　用区码选择工作区

　　SELECT　rk　　　　　　　　　　　　&&　用表名选择工作区

　　BROWSE

显示如图 12-19 所示。

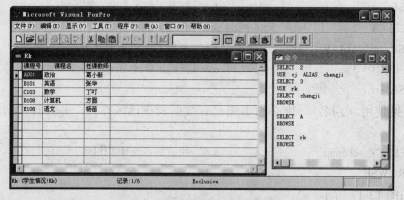

图 12-19　用表名选择工作区

　　(3)　SELECT 0 表示选择当前未使用的最低编号的工作区。

　　如果接着上面的工作区，则下面的命令将选择未被使用的最低工作区 4。

　　SELECT　0

　　USE　students

　　(4)　每个表打开后都有两个默认的别名，一个是表名自身，另一个是工作区所对应的别名。在前 10 个工作区中指定的默认别名是工作区字母 A 到 J，工作区 11 到 32767 中指定的别名是 W11 到 W32767。

　　(5)　若使用 USE 命令，则只能关闭当前工作区中打开的数据表；若关闭所有数据表，使用 CLOSE DATABASES 命令。

　　SELECT　B　　　　　　　　　　　　&&　选择当前工作区 B

　　USE　　　　　　　　　　　　　　　&&　关闭 cj

　　CLOSE　DATABASES　　　　　　　&&　关闭所有数据表

7. 使用不同工作区的表

　　除了可以用 SELECT 命令切换工作区使用不同的表外，也允许在一个工作区中使用另外一个工作区中的表。实际上，可以利用某些命令中的选项，即短语：

　　　　IN 　〈 工作区 / 表名 / 表别名 〉

例如，当前使用的是第 2 个工作区中的 cj 表，现在要将第 1 个工作区中的 st 表定位在学号为 2011002 的记录上，可以使用命令：

　　　　SEEK 　"2011002" 　ORDER 　学号 　IN 　st

在一个工作区中还可以直接利用表名或表的别名引用另一个表中的数据，具体方法是在别名后加上点号分隔符 "." 或 "->" 操作符，然后再接字段名。例如，当前使用的是第 2 个工作区中的 cj 表，现在要显示第 1 个工作区中的 st 表的学号和姓名字段的值，可以使用命令：

　　　　? 　st.学号, st->姓名

8. 表之间的关联

前面介绍了表之间的关联或联系，这是基于索引建立的一种 "永久联系"，这种联系存储在数据库中。永久联系在 "数据库设计器" 中显示为表索引间的关系线。

虽然永久联系在每次使用表时不需要重新建立，但永久联系不能控制不同工作区中记录指针的联动。所以在开发 VFP 应用程序时，不仅需要使用永久联系，有时也使用能够控制表间记录指针关系的临时联系；这种临时联系称为关联，使用 SET RELATION 命令建立。该命令的常用语法格式为：

　　　　SET 　RELATION 　TO 　〈索引关键字〉 　INTO 　〈工作区号 I 表别名〉

【例 12-1】 　按关键表达式 "学号" 建立关联。

```
SELECT  A
USE  st                                    && 被动库
INDEX  ON  学号  TO  xh
SELECT  B
USE  cj                                    && 主动库
SET  RELATION  TO  学号  INTO  A           && 关联逻辑是：B->学号=A->学号
LIST  学号,A->姓名,A->所在系,课程号,成绩
```

显示结果如图 12-20 所示，可以看到所有满足条件的记录都被显示了。

图 12-20　建立关联

思考与练习

1. 在定义字段有效性规则时，在规则框中输入的表达式类型是_____。

2. 设有两个数据表文件。学生表：xs(学号(C,4), 姓名(C,8),性别(C,2), 成绩(N,3,0)), 班级号(C,2)。班级表：bj(班级号(C,2), 班级名(C,8), 班主任(C,6)。

注：学生学号的前两个字符是所在班级号。下面程序的功能是，在两个数据表之间建立逻辑连接，为每个"国际贸易"班级的学生成绩增加 5 分，然后显示全体学生的姓名、成绩和班主任。试将下面的程序补充完整。

```
SET  TALK  OFF
SELECT  1
USE  BJ
INDEX  ON  班级号  TO  IH
SELECT  2
USE  XS
SET  RELATION  TO  _____①_____
REPLACE  ALL  成绩  WITH  成绩+5  FOR  _____②_____
LIST  姓名, _____③_____
SET  RELATION  TO
CLOSE  DATABASE
SELECT  1
SET  TALK  ON
RETURN
```

3. 完成以下操作题：

(1) 创建一个新项目"客户管理"。

(2) 在新建立的项目"客户管理"中创建数据库"订货管理"。

(3) 在"订货管理"数据库中建立表 order_list，表中数据见表 12-1。

表 12-1 order_list 表

客户号	订单号	订购日期	总金额
C10001	OR-01C	2010-10-10	4000
A00112	OR-22A	2010-10-27	5500
B20001	OR-02B	2011-2-13	10500
C10005	OR-03C	2011-1-13	4890
B21001	OR-23B	2010-7-8	4390
B20001	OR-31B	2011-2-10	39650
C20011	OR-32C	2011-8-9	7000
A00112	OR-33A	2011-9-3	8900
A00112	OR-41A	2011-4-1	8590

其结构描述为 order_list(khh(C,6), ddh(C,6), dgrq(D), zje(F,15.2))。

(4) 为 order_list 表创建一个主索引，索引名和索引表达式均是 ddh。

(5) 在"订货管理"数据库中建立表 order_detail，表中数据见表 12-2。

表 12-2　order_detail 表

订单号	器件号	器件名	单价	数量
OR-01C	P1001	CPU P4 1.4G	1050	2
OR-02B	P1001	CPU P4 1.4G	1100	3
OR-03C	S4911	声卡	350	3
OR-03C	P1005	CPU P4 1.5G	1400	1
OR-04C	E0032	U 盘	290	5
OR-11B	P1001	CPU P4 1.4G	1040	3
OR-12C	E0032	U 盘	275	20
OR-13B	P1001	CPU P4 1.4G	1095	1
OR-21A	S4911	声卡	390	2
OR-22A	M0256	内存	400	4
OR-23B	P1001	CPU P4 1.4G	1020	7
OR-31B	P1005	CPU P4 1.5G	1320	2
OR-32C	P1001	CPU P4 1.4G	1030	5
OR-33A	E0032	U 盘	295	2
OR-33A	M0256	内存	405	6
OR-37B	D1101	3D 显示卡	600	1

其结构描述为 order_detail(ddh(C,6), qjh(C,6), qjm(C,16), dj(F,10.2), sl(I))。

(6) 为新建立的 order_detail 表建立一个普通索引，索引名和索引表达式均是"ddh"。

(7) 为表 order_detail 的"dj"字段定义默认值为 NULL。

(8) 为表 order_detail 的"dj"字段定义约束规则"dj > 0"，违背规则时的提示信息是"单价必须大于零"。

(9) 建立表 order_list 和表 order_detail 间的永久联系(通过"ddh"字段)。

(10) 关闭"订货管理"数据库，然后建立自由表 customer，表的内容见表 12-3。

表 12-3　customer 表

客户号	客户名	地址	电话
C10001	三全公司	平安大道 2 号	87654321
C10005	利昂电子公司	中关村 5 号	66223344
B20001	中高科技公司	大地信息园 8 号	88776655
C20111	马力开发公司	航天城 6 号	88112233
B21001	中实公司	生命科技园 1 号	88000000
A00112	四环公司	北四环路 9 号	67896789

其结构描述为 customer(khh(C,6), khm(C,16), dz(C,20), dh(C,14))。

(11) 打开"订货管理"数据库，并将表 customer 添加到该数据库中。

(12) 为 customer 表创建一个主索引，索引名和索引表达式均是"khh"。

技能训练

(1) 建立第 11 章技能训练中的工资表 salary 与部门表 dept 之间的联系，打开两个表，使光标在 dept 中移动时，改变 salary 中显示的记录。其中部门表的结构见表 12-4。

表 12-4　部门表 dept.dbf

部门号	部门名
01	制造部
02	销售部
03	项目部
04	采购部
05	人事部

其结构描述为 dept(bmh(C,2)，bmm(C,20))。

(2) 创建人事管理数据库，在数据库中添加表 dept 和 salary，并为表的各字段设置中文标题，在 salary 中设置有效性规则：雇员号的前两位必须是部门号。

(3) 在表 dept 与表 salary 之间建立永久关联，如图 12-21 所示，并设置参照完整性规则：删除规则为"级联"，更新规则和插入规则为"限制"。

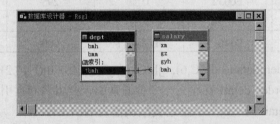

图 12-21　表 dept 与表 salary 建立关联

第 13 章　查询和视图

数据的查询是应用程序处理数据的重要任务之一，我们在第 11 章中介绍的对表中数据的索引、查找等命令是在早期 xBase 语言中常用的。在 VFP 中，"查询"与"视图"是为方便检索数据而提供的工具，其目的都是为了从数据中快速获得所需要的结果。

本章介绍 VFP 中查询和视图的使用方法，具体内容包括：

(1) 使用"查询设计器"实现数据查询。

(2) 使用"视图设计器"操作数据表。

任务 13.1　数 据 查 询

任务导入

使用 VFP 中的"查询"，可以搜索满足指定条件的记录，也可以根据需要对记录排序和分组，并根据搜索结果创建报表、表及图形。查询是以 .qpr 为扩展名保存在磁盘上的文件，它的主体是 SQL 语句，另外还有与输出定向有关的语句。

本任务将学习使用"查询设计器"进行数据查询的方法。

学习目标

(1) 能熟练启动"查询设计器"。

(2) 能熟练选择所需的字段和记录。

(3) 能熟练对查询结果进行排序和分组。

(4) 能熟练地把查询结果输出到不同的目的地。

(5) 会查看 SQL 语句。

(6) 会使用缩小搜索范围、扩充搜索条件等高级查询。

任务实施

1. 启动"查询设计器"

建立查询的方法主要是使用"查询设计器"。启动"查询设计器"的方法主要有：

● 单击常用工具栏上的"新建"按钮 □，在"新建"对话框中，选中"查询"并单击"新建文件"。

● 在"项目管理器"的"数据"选项卡中，选择"查询"，然后单击"新建"命令按钮。

● 在命令窗口用 CREATE QUERY 命令。

● 用 SQL 语句直接编辑.qpr 文件。

例如，单击常用工具栏上的"新建"按钮 □，在"新建"对话框中，选中"查询"单选钮，然后单击"新建文件"按钮，如图 13-1 所示。这时，系统将显示"查询设计器"窗口，并弹出"添加表或视图"对话框，依次选择所需要的表或视图，单击"添加"按钮，将所有的表或视图添加完成后，单击"关闭"按钮。

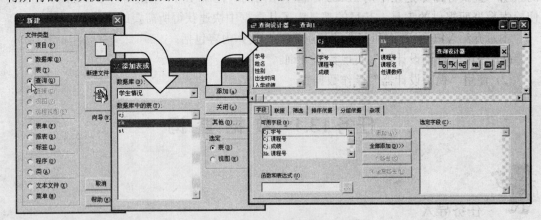

图 13-1　启动"查询设计器"

单击"查询设计器"工具栏上的"添加表"按钮 □，可添加需要的表或视图。单击"移去表"按钮 □，可移去表或视图。

2. 选择所需字段和记录

1）添加字段

在"查询设计器"的"字段"选项卡中，选定需要的字段名，单击"添加"按钮，如图 13-2 所示。也可以直接将字段名拖到"选定字段"框中。

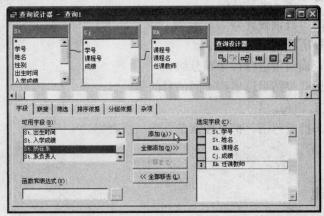

图 13-2　添加字段

如果需要添加所有可用字段，可直接单击"全部添加"按钮，或者将表顶部的*号拖到"选定字段"框中。

2）改变字段顺序

在"字段"选项卡中，字段的出现顺序决定了查询输出字段的顺序。在"选定字段"中上、下拖动字段名左侧的移动框，可以改变输出字段顺序，如图 13-3 所示。

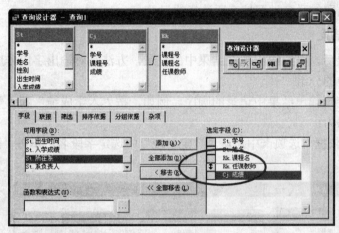

图 13-3 改变字段顺序

3. 选定所需记录

在"查询设计器"的"筛选"选项卡中，可以构造一个带有 WHERE 子句的选择语句，用来决定需要的记录。

例如，查找所有"入学成绩"在 500 分以上的学生，其操作步骤方法：在"筛选"选项卡中，从"字段名"列表中选择"st.入学成绩"，在"条件"列表中选择">="，在"实例"中输入 500，如图 13-4 所示。

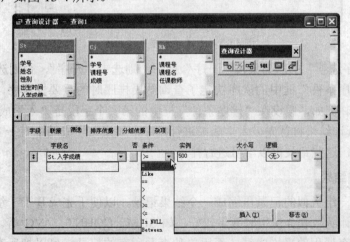

图 13-4 在"筛选"选项卡中定义查询结果的条件

【提示】

只有当字符串与查询的表中字段名相同时，才需用引号括起字符串。日期也不必用花括号括起来。逻辑位的前后必须使用句点号，如(.T.)。如果输入查询中表的字段名，VFP 就将它识别为一个字段。

在搜索字符型数据时，如果忽略大小写匹配，可单击"大小写"下面的按钮▉。

如果需要对逻辑操作符的含义取反，可单击"否"下面的按钮▉。

若要更进一步搜索，可在"筛选"选项卡中添加更多的筛选项。如果查询中使用了多个表或视图，按选取的联接类型扩充所选择的记录。

4. 排序查询结果

定义查询输出后，可组织出现在结果中的记录，方法是对输出字段排序和分组。也可筛选出现在结果中的分组。

排序决定了查询输出结果中记录的顺序。例如，按"入学成绩"和"学号"对记录升序排序。操作步骤为：

(1) 在"排序依据"选项卡中，从"选定字段"中选定字段名，单击"添加"按钮，如图 13-5 所示。

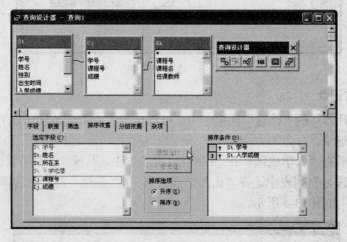

图 13-5　"排序依据"选项卡

(2) 在"排序选项"中，如果按"升序"排序，则选中"升序"，否则选中"降序"。

字段在"排序条件"框中的次序决定了查询结果排序时的重要性次序，第一个字段决定了主排序次序。例如，假设在"排序条件"框中的第一个字段是"入学成绩"，第二个字段为"学号"，查询结果将首先以入学成绩进行排序，如果入学成绩中有一个以上的记录具有同样的字段值，这些记录再以学号进行排序。

5. 分组查询结果

分组是指将一组类似的记录压缩成一个结果记录，以便于完成基于一组记录的计算。分组在与某些累计函数联合使用时效果较好，如 SUM、COUNT、AVG 等。例如，若想得到某一学生的所有课程的平均成绩，不用单独查看所有的记录，可以把所有记录合成一个记录，来获得所有成绩的平均值。其操作步骤为：

(1) 选中"字段"选项卡，在"函数和表达式"框中键入表达式(如 AVG(St.入学成绩))。

(2) 单击"添加"按钮，在"选定字段"框中放置表达式，如图 13-6 所示。

图 13-6　在"选定字段"框中放置表达式

（3）在"分组依据"选项卡中，加入分组结果依据的表达式，如图 13-7 所示。若要对已进行过分组或压缩的记录进行筛选，可单击"满足条件"按钮，在"满足条件"对话框中设定条件。

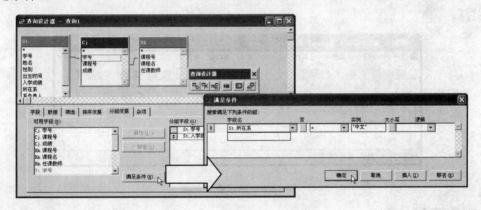

图 13-7　"满足条件"对话框

6. 输出查询

设置过查询的各种选项后，可以把查询结果输出到不同的目的地。如果没有选定输出目的地，查询结果将显示在"浏览"窗口中。

1）选择输出去向

在"查询设计器"工具栏上，单击"查询去向"按钮，或单击"查询"菜单→"查询去向"命令，打开"查询去向"对话框。在"查询去向"对话框中选择输出去向，并填写所需的其他选项，如图 13-8 所示。

图 13-8　选择输出去向

"查询去向"对话框中，各输出去向的含义为：

● 浏览：在"浏览"窗口中显示查询结果。

● 临时表：将查询结果存储在一个命名的临时只读数据表中。

● 表：使查询结果保存为一个命名的数据表。

● 图形：使查询结果可用于 Microsoft Graph(Graph 是包含在 VFP 中的一个独立的应用程序)。

● 屏幕：在 VFP 主窗口或当前活动输出窗口中显示查询结果。

● 报表：将输出送到一个报表文件(.frx)。

● 标签：将输出送到一个标签文件(.lbx)。

许多选项都有一些可以影响输出结果的附加选择。例如，"报表"选项可以打开报表文件，并在打印之前定制报表，也可以选用"报表向导"帮助自己创建报表。

2) 运行查询

在完成查询设置并指定了输出去向后，可以单击"运行"按钮 ❗ 启动该查询，这时屏幕将显示查询结果，如图 13-9 所示。也可以在"项目管理器"中选定查询名称，然后单击"运行"。

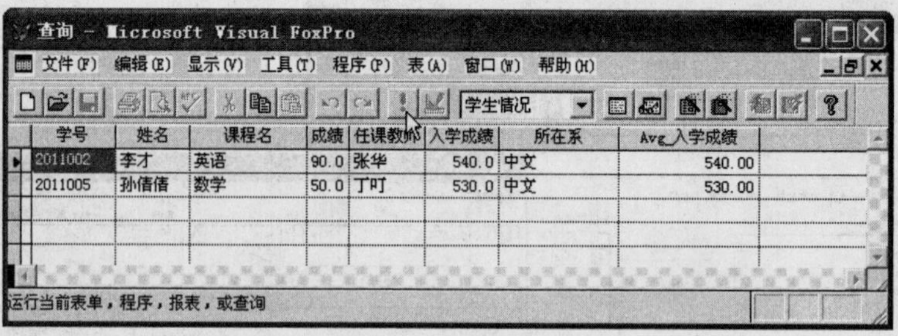

图 13-9 显示查询结果

7. 查看 SQL 语句

在建立查询时，单击"查询"菜单→"查看 SQL"，或从工具栏上选择"SQL"按钮 **SQL**，如图 13-10 所示，可以查看查询生成的 SQL 语句。SQL 语句显示在一个只读窗口中，可以复制此窗口中的文本，并将其粘贴到"命令"窗口或加入到程序中。

图 13-10 查询的 SQL 语句

如果想以某种方式标识查询，或对它作一些注释说明，可以在查询中添加备注，这样有利于以后确认查询。方法是：单击"查询"菜单→"备注"，在"备注"框中输入与查询有关的内容。这时输入的注释内容将会出现在 SQL 窗口的顶部，并且前面有一个*号用来表明其为注释。

8. 高级查询

在实际使用中，有时需要对查询所返回的结果做更多的控制。例如，查找满足多个条件的记录(如中文系入学成绩大于 500 分的男同学)，或者查找满足两个条件之一的记录(如计算机系或中文系)。这时，就需要在"筛选"选项卡中添加更多的控制条件。

1) 缩小搜索

如果想使查询同时满足一个以上条件的记录，只需在"筛选"选项卡中的不同行上列出这些条件，这一系列条件自动以"与"(AND)的方式组合起来，因此只有满足所有这些条件的记录才会被检索到。

例如，需查询"中文系入学成绩大于 500 分的男同学"，可在不同的行上输入 3 个搜索条件，如图 13-11 所示。

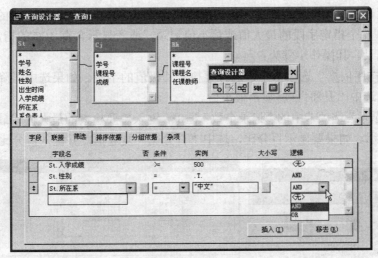

图 13-11　缩小搜索范围

如果需要设置"与"(AND)条件，如入学成绩在 500～540 之间，可在"逻辑"列中选择"AND"。

2) 扩充搜索

如果需要使查询检索到的记录满足一系列选定条件中的任意一个时，例如，需查询"计算机系或中文系的学生记录"，可以在这些选择条件中间插入"或"(OR)操作符来将这些条件组合起来。

3) 组合条件

如果需要查询复杂条件的记录(如"计算机系或中文系入学成绩在 500～540 分的男同学")，可以把"与"(AND)、"或"(OR)条件组合起来使用。

4) 在查询中删除重复记录

重复记录是指其所有字段值均相同的记录。如果想把查询结果中的重复记录去掉，只需在"杂项"选项卡中选中"无重复记录"项，如图 13-12 所示。

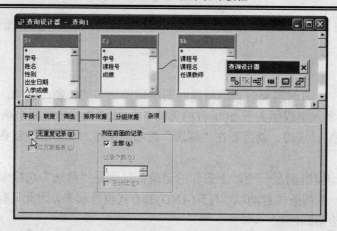

图 13-12　"杂项"选项卡

5) 查询一定数目或一定百分比的极值记录

在查询设计器中,可使查询返回包含指定数目或指定百分比的特定字段的记录。例如,查询可显示含 6 个指定字段的最大值或最小值记录,或者显示含有 10%的指定字段的最大值或最小值记录。其操作步骤为:

(1) 在"排序依据"选项卡中,选择要检索其极值的字段。如果选中"降序",将显示最大值;如果选中"升序",将显示最小值。

(2) 在"杂项"选项卡中的"记录个数"框中,键入想要检索的最大值或最小值的数目,如图 13-13 所示。如果要显示百分比,选中"百分比"复选框,并键入百分比。

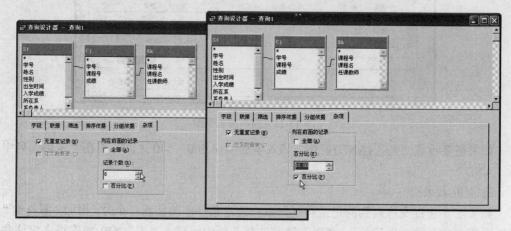

图 13-13　检索极值记录

如果不希望数目或百分比中含有重复的记录,需选中"无重复记录"复选框。

思考与练习

1. 建立一个查询,查询客户名为"三全公司"的订购单明细(order_detail)记录(将结果先按"订单号"升序排列,同一订单的再按"单价"降序排列),将结果存储到 results14_1

表中(表结构与 order_detail 表结构相同)。

2. 建立一个查询,查询目前有订购单的客户信息(即有对应的 order_list 记录的 customer 表中的记录),同时要求按 khh 升序排序,将结果存储到 results14_2 表中(表结构与 customer 表结构相同)。

3. 建立一个查询,查询所有订购单的订单号、订购日期、器件号、器件名和总金额(按订单号升序),并将结果存储到 results14_3 表中(其中订单号、订购日期、总金额取自 order_list 表,器件号、器件名取自 order_detail 表)。

任务 13.2　使 用 视 图

任务导入

视图是操作表的一种手段,兼有"表"和"查询"的特点。与查询相似之处是,可从一个或多个相关联的表中提取有用数据;与表相似之处是,可以更新其中的数据,并将更新结果永久地保存在磁盘上。因此,使用视图可以从表中提取一些数据,改变这些数据,并把更新结果送回到基本表中。

VFP 中,视图分为本地视图和远程视图。本地视图是指使用当前数据库中的 VFP 表建立的视图;远程视图是指使用当前数据库之外的数据源(如 SQL Server)中的表建立的视图。本任务将介绍本地视图的创建与使用。

学习目标

(1) 能熟练启动"视图设计器"。

(2) 能熟练创建视图。

(3) 能熟练更新数据。

(4) 会控制显示字段、数据输入、更新方法。

(5) 会设置参数提示。

(6) 会在表单中使用视图。

任务实施

1. 使用菜单启动"视图设计器"

本地表包括本地 VFP 表、任何使用 .dbf 格式的表和存储在本地服务器上的表。若要使用"视图设计器"来创建本地表的视图,首先应创建或打开一个数据库。

使用菜单启动"视图设计器"的步骤为:

(1) 打开一个数据库文件。

（2）单击工具栏中的"新建"按钮 ，在"新建"对话框中，选中"视图"，并单击"新建文件"按钮，打开"添加表或视图"对话框，如图 13-14 所示。

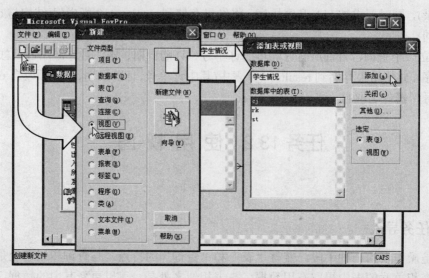

图 13-14　建立视图

（3）在"添加表或视图"对话框中，选定需要使用的表或视图，再单击"添加"按钮。如果对话框中的"视图"选项不可用，说明还没有打开数据库。

（4）单击"关闭"按钮，然后打开"视图设计器"，结果如图 13-15 所示。

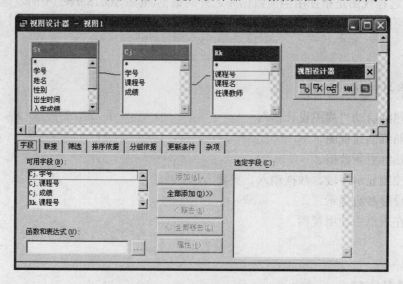

图 13-15　视图设计器

2. 在项目管理器中启动"视图设计器"

在项目管理器中启动"视图设计器"的操作步骤为：

（1）从"项目管理器"中，单击"数据库"符号旁的加号"+"。

（2）在"数据库"下选中"本地视图"，单击"新建"按钮，如图 13-16 所示。

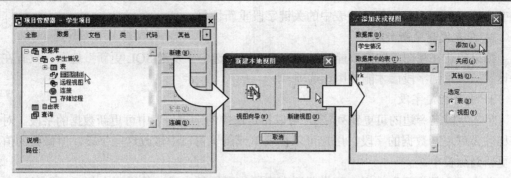

图 13-16　在项目管理器中启动"视图设计器"

(3) 在"新建本地视图"对话框中，单击"新建视图"按钮。

(4) 在"添加表或视图"对话框中，选定想使用的表或视图，单击"添加"。

(5) 添加完成后，单击"关闭"。

3. 创建视图

使用"视图设计器"基本上与使用"查询设计器"一样，但"视图设计器"多一个"更新条件"选项卡，它可以控制更新。

由于视图和查询有很多相似之处，因此创建视图与创建查询的步骤也相似：选择要包含在视图中的表和字段，指定用来联接表的连接条件，指定过滤器选择指定的记录，最后单击工具栏中的"运行"按钮 ▮ 查看结果。

4. 更新数据

1) 设置关键字段

当在"视图设计器"中首次打开一个表时，"更新条件"选项卡会显示表中哪些字段被定义为关键字段。VFP 用这些关键字段来唯一标识已在本地修改过的远程表中的更新记录。

若要设置关键字段：在"更新条件"选项卡中，单击字段名旁边的"关键"列 🔑，如图 13-17 所示。

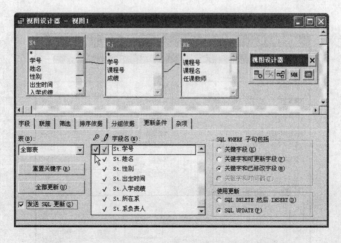

图 13-17　在"更新条件"选项卡中设置关键字段

如果已经改变了关键字段，又想把它们恢复到源表中的初始设置，选择"重置关键字"。

VFP 会检查远程表并利用这些表中的关键字段重新恢复。

2) 向表发送更新数据

如果想让在视图中的修改能回送到源表中，应选中"发送 SQL 更新"选项。只有在至少设置一个关键字段后才能使用该选项。

3) 更新指定字段

单击字段名旁边的可更新列 *0*，可以指定选中的字段为表中可更新数据的字段。对于未标注为可更新数据的字段，用户可以在表单或浏览窗口中修改这些字段，但修改的值不会更新到源表中。

单击"全部更新"按钮，可设置所有字段为可更新字段。使用"全部更新"时，在表中必须有已定义的关键字段。"全部更新"不影响关键字段。

4) 检查更新冲突

如果在一个多用户环境中工作，服务器上的数据也可以被别的用户访问，也许别的用户也在试图更新远程服务器上的记录。在"更新条件"选项卡中，"SQL WHERE 子句包括"框中的选项可以帮助管理遇到多用户访问同一数据时应如何更新记录，见表 13-1。

表 13-1 SQL WHERE 选项

选 项	功 能
关键字段	当源表中的关键字段被改变时，使更新失败
关键字和可更新字段	当远程表中任何标记为可更新的字段被改变时，使更新失败
关键字和已修改字段	当在本地改变的任一字段在源表中已被改变时，使更新失败
关键字和时间戳	当远程表上记录的时间戳在首次检索后被改变时，使更新失败(仅当远程表有时间戳列时有效)

5. 控制显示字段和数据输入

在"视图设计器"中的"字段"选项卡中，单击"属性"按钮，在"视图字段属性"对话框中选定字段，然后可以分配标题，输入注释，设置控制数据输入的有效性规则，如图 13-18 所示。

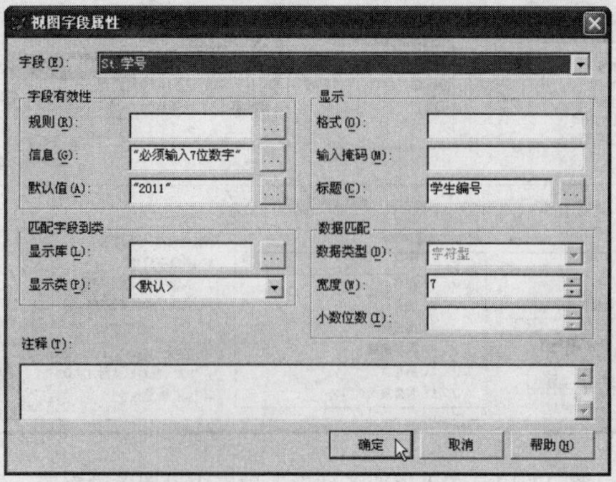

图 13-18 "视图字段属性"对话框

6. 控制更新方法

若要控制关键字段的信息怎样在服务器上更新，应选择使用更新中的选项。在"更新条件"选项卡的"使用更新"中，可以指定先删除记录，然后使用在视图中输入的新值取代原值(SQL DELETE 再使用 INSERT)，也可以设置使用服务器支持的 SQL UPDATE 函数来改变服务器记录。

7. 设置参数提示

可设置视图对完成查询所输入的值进行提示。例如要寻找指定系的学生，可在"视图设计器"中，添加新过滤器或从"筛选"选项卡中选择存在的过滤器，在"实例"框中键入一个问号(?)和参数名，如图 13-19 所示。

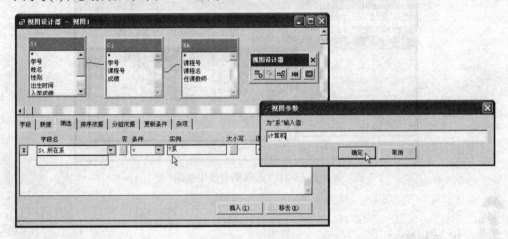

图 13-19　参数提示

当使用视图时，将显示一个信息框提示输入作为包含在过滤器中的值。

8. 使用视图

使用视图类似于处理表。例如，可以单击工具栏上的"运行"按钮 ! 或使用"USE"命令打开视图，可以在"浏览"窗口中显示视图记录，可以在文本框、表格控件、表单或报表中使用视图作为数据源等。

1) 打开视图

单击工具栏上的"运行"按钮 ! ，在"视图参数"对话框中输入"计算机"，如图 13-20 所示，则在"浏览"窗口中将只看到"计算机"系的记录内容。

图 13-20　打开视图

一个视图在使用时，将作为临时表在自己的工作区中打开。如果此视图基于本地表，则在 VFP 的另一个工作区中同时打开基表。在本示例中，使用"视图 1"的同时，表 St、

Cj、Rk 也自动打开。

2) 在表单中使用视图

如果要在表单中使用视图，就要在数据环境中添加视图。新建表单 Form，打开数据库文件，在"添加表或视图"对话框中选中"视图"，单击"添加"按钮。

在表单的 Activate 事件过程中添加如下代码：

    BROWSE

运行表单，将自动打开视图所在的数据库。在回答了"视图参数"对话框的信息之后，表单中显示视图中的有关数据，如图 13-21 所示。如果设置了可更新条件，还可以进行数据的更新。

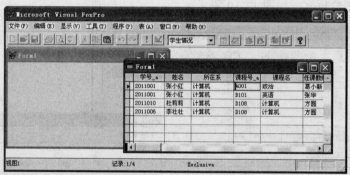

图 13-21   在表单中使用视图

思考与练习

1. 通过视图，不仅可以查询数据库表，还可以_____数据库表。

2. 打开数据库学生管理.dbc，使用视图设计器创建一个名为 sview5_6 的视图。内容包括：选课门数是 2 门以上(不包括 2 门)的每个学生的学号、姓名、平均成绩、最低分和选课门数，并按"平均成绩"降序排序。

3. 在 salary_db 数据库中，使用视图设计器创建一个名称为 sview5_8 的视图。要求内容包含：部门号、雇员号、姓名、工资、补贴、奖励、失业保险、医疗统筹和实发工资，其中实发工资由工资、补贴和奖励三项相加，然后再减去失业保险和医疗统筹得出，结果按"部门号"降序排序。

技能训练

使用第 12 章技能训练中的数据，完成下面操作：

(1) 使用数据库 rsgl，建立一个查询，查询销售部的工资记录（将结果先按姓名升序排列，再按工资降序排列），将结果存储到 sy1 中，表 sy1 中还包括"实发工资"的字段内容：

    实发工资 = 工资 + 补贴 + 奖励 − 医疗统筹 − 失业保险

(2) 使用视图得到上题中的结果集。

第 14 章 报 表

我们前面介绍了数据表的各种操作方式，如结构建立、记录输入、数据索引、查询、视图等操作。现在已经可以轻松地建立与维护数据表来处理复杂的数据了。然而在实际应用中，数据一般还是利用打印机打印成报表，才能让别人看到结果，打印的美观与否直接关系着数据的品质，如何打印出一份好的报表也是数据库操作的重点之一。

本章将学习根据已经建立的数据表设计报表文件和标签文件并进行打印输出的方法。具体内容包括：

(1) 创建报表文件。

(2) 创建标签文件。

任务 14.1 创 建 报 表

任务导入

在 VFP 中要打印报表，并不像其他软件一样，将文件内容直接打印出去，而是必须先建立一个报表文件(Report)，此文件的数据来源为数据表、查询文件或视图文件，而版面内容设计成打印报表的格式，然后再打印此报表文件。也就是说，报表包括两个基本组成部分：数据源和布局。数据源通常是数据库中的表，也可以是视图、查询或临时表；而报表布局定义了报表的打印格式。

本任务将学习创建报表文件的方法。

学习目标

(1) 了解报表的常见布局，会创建报表布局。

(2) 会向报表中设置数据、添加控件。

(3) 会设置报表页面。

任务实施

1. 设计报表的一般步骤

通过设计报表，可以用各种方式在打印页面上显示数据。设计报表主要有以下 4 个步骤：

(1) 选择要创建的报表类型。

(2) 创建报表布局文件。

(3) 修改和定制布局文件。

(4) 预览和打印报表。

2. 选择报表的布局

创建报表之前，应该选择所需报表的常规格式。报表可能同基于单表的电话号码列表一样简单，或者像基于多表的发票那样复杂。也可以创建特殊种类的报表，例如邮件标签，其布局必须满足专用纸张的要求。如图 14-1 所示为常规报表布局。

| 列报表 | 行报表 | 一对多报表 | 多栏报表 | 标签 |

图 14-1 常规报表布局

(1) 列报表：每行一条记录，每条记录的字段在页面上按水平方向放置，常用于分组/总计报表、财政报表、存货清单等。

(2) 行报表：一列的记录，每条记录的字段在一侧竖直放置，如列表。

(3) 一对多报表：常用于一条记录或一对多关系，如发票、会计报表等。

(4) 多栏报表：常用于多列的记录，每条记录的字段沿左边缘竖直放置，如电话号码薄、名片等。

(5) 标签：多列记录，每条记录的字段沿左边缘竖直放置，打印在特殊纸上，如邮件标签、名字标签等。

当选定了满足需求的常规报表布局后，便可以用"报表设计器"创建报表布局文件。

3. 报表布局文件

报表布局文件指定了想要的域控件、要打印的文本以及数据在页面上的位置。它不存储每个数据字段的值，而只存储一个特定报表的位置和格式信息。每次运行报表，值都可能不同，这取决于报表文件所用数据源的字段内容。报表布局文件中存储报表的详细说明，以 .frx 为文件扩展名，另外还有一个以 .frt 为扩展名的相关文件。

4. 创建报表布局的 3 种方法

在 VFP 中，有 3 种创建报表布局的方法。

● 报表向导：以单一数据表或多重数据表建立报表。使用此方法，最容易建立出美观的报表。

● 报表设计器：从空白报表自行建立打印报表，也可以修改已有的报表。

● 快速报表：从单一数据表中建立打印报表。此方法可以最快速地建立报表。

用以上方法创建的报表布局文件，都可以用"报表设计器"进行修改。

5. 使用报表向导创建报表布局

报表向导利用一连串的步骤，来引导用户设计出各式各样美观实用的报表。启动"报表向导"的方法有多种，常用的有以下两种：

● 在"项目管理器"的"文档"选项卡中，选定"报表"，单击"新建"按钮，在"新建报表"对话框中选择"报表向导"，打开"向导选取"对话框。

● 单击工具栏上的"新建"按钮，在"新建"对话框中选中"报表"，然后单击"向导"按钮，打开"向导选取"对话框。

根据需要选取"报表向导"或"一对多报表向导"，即可启动相应的报表向导。

使用报表向导可以建立两种类型的报表，一种是每列一个字段，每行一条记录，字段名作为列标题放在每列的顶部；另外一种是记录一个接一个列出，每个字段的左边是相应的字段名。

在"向导选取"对话框中，如图 14-2 所示，选择"报表向导"进行以下操作：

(1) 单击"数据库和表"框右边的…钮，在弹出的"打开"对话框中选择需要的数据库和表，通过字段选择器，选择报表中需要的字段和在报表中排列的顺序。

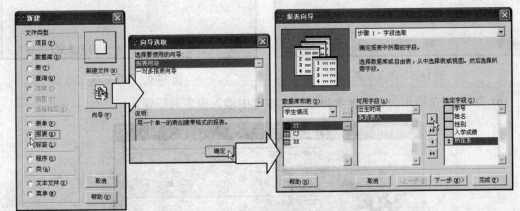

图 14-2　启动报表向导

(2) 单击"下一步"按钮，在"分组类型"框中选择分组字段，如图 14-3 所示。还可以通过"分组选项"和"总结选项"来进一步完善分组记录。

(3) 单击"下一步"按钮，如图 14-4 所示，选择报表样式，当选中任一样式时，向导都会在放大镜中更新成该样式的示例图片。

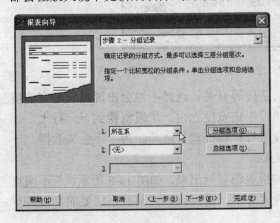

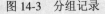

图 14-3　分组记录

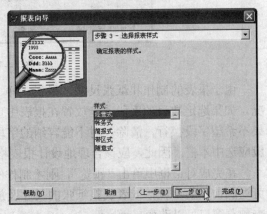

图 14-4　选择报表样式

(4) 继续单击"下一步"按钮，如图 14-5 所示，定义报表布局。在指定列数或布局时，向导将在放大镜中更新成选定布局的实例图形。如果在步骤 2 中指定分组选项，则本步骤中的"列数"和"字段布局"选项不可用。

(5) 继续单击"下一步"按钮，如图 14-6 所示，按照视图查询结果排序的顺序选择字段，进行排序记录，若要按原始顺序排列可不选择，直接单击"下一步"。

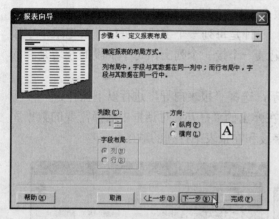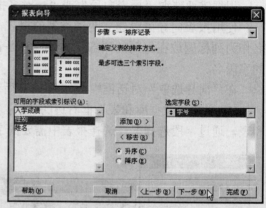

图 14-5　定义报表布局　　　　　　　　图 14-6　排序记录

(6) 如图 14-7 所示，在"报表标题"文本框中输入报表的标题。

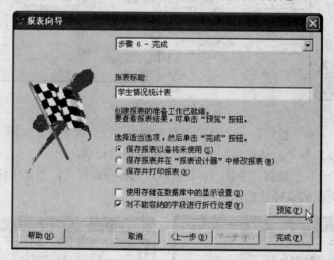

图 14-7　完成

由于报表的制作和纸张尺寸、报表式样、字段等有关，选择不当会出现报表超宽的情况。如果选定数目的字段不能放置在报表中单行指定宽度之内，字段将换到下一行上。如果不希望字段换行，清除"对不能容纳的字段进行折行处理"选项。为了不丢失数据，一般应选中本框。因此，应该合理地设计报表格式。

在完成对话框中单击"预览"，刚才制作的报表将显示出来，如图 14-8 所示。若不满意可返回前面的步骤，或者调整纸张的尺寸及放置方向，也可以删去某些不需要的字段。单击预览窗口可以改变显示比例。

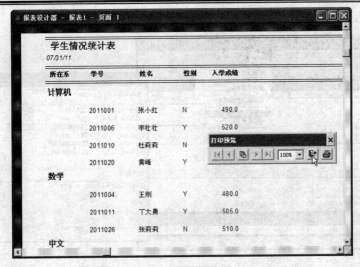

图 14-8　预览报表

使用了向导之后，就可以使用"报表设计器"来添加控件和定制报表。

6. 使用"报表设计器"创建报表

除了使用"报表向导"外，用户还可以使用"报表设计器"从空白报表布局开始，然后自己添加控件。启动"报表设计器"的步骤如下：

(1) 在"项目管理器"的"文档"选项卡中，选中"报表"，如图 14-9 所示。

(2) 单击"新建"按钮，打开"新建报表"对话框。

(3) 在"新建报表"对话框中，选择"新建报表"，此时即可弹出"报表设计器"。

此时，可使用"报表设计器"的功能来添加控件和定制报表。

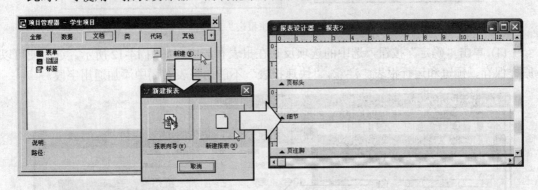

图 14-9　启动"报表设计器"

7. 使用"快速报表"添加控件

利用"快速报表"可以快速地建立报表文件。它不仅可以自动创建简单报表布局，还可以选择基本的报表组件。其创建步骤如下：

(1) 在"项目管理器"中，选定"报表"，单击"新建"按钮，在"新建报表"对话框中，单击"新建报表"按钮。

(2) 单击"报表"菜单→"快速报表"，如图 14-10 所示，在"打开"对话框中选定要使用的表，然后选定"确定"按钮。

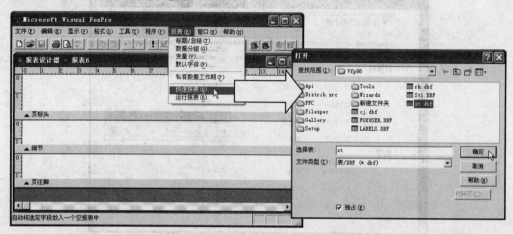

图 14-10　在"报表"菜单中选择"快速报表"

(3) 在"快速报表"对话框中，选择想要的字段布局、标题和别名选项，如图 14-11 所示。若要为报表选择字段，在"字段选择器"对话框中选择"字段"。

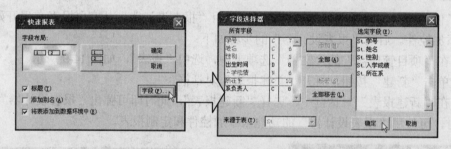

图 14-11　"快速报表"对话框

(4) 单击"确定"按钮，选中的选项反映在报表布局中，如图 14-12 所示。这时便可以原样保存、预览和运行报表。注意，"快速报表"不能向报表布局中添加通用字段。

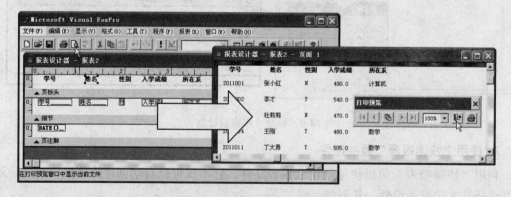

图 14-12　建立"快速报表"效果

8. 设置报表数据源

可以在数据环境中简单地定义报表的数据源，用它们来填充报表中的控件。可以添加表或视图并使用一个表或视图的索引排序数据。

1) 向数据环境中添加表或视图

向数据环境中添加表或视图的步骤如下：

(1) 单击"显示"菜单→"数据环境"，从"数据环境"菜单中，选择"添加"，如图 14-13 所示。

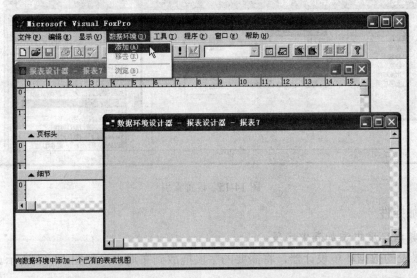

图 14-13　从"数据环境"菜单中选择"添加"

(2) 在"添加表或视图"对话框中，从"数据库"框中选择一数据库，如图 14-14 所示，在"数据库中的表"列表中依次选定一个表或视图，然后单击"添加"按钮。

(3) 最后选择"关闭"按钮，返回"数据环境设计器"。

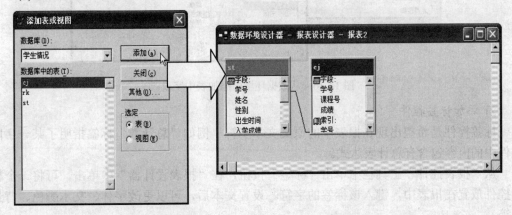

图 14-14　　"添加表或视图"对话框

2) 为数据环境设置索引

为数据环境设置索引，可设置出现在报表中的记录顺序。为数据环境设置索引的步骤为：

(1) 右键单击"数据环境设计器"，在快捷键菜单中选择"属性"，如图 14-15 所示。

(2) 在"属性"窗口中，在"对象"框中选择"Cursor2"。

(3) 在"数据"选项卡中，选定"Order"属性，输入索引名。或者，从可用索引列表中选定一个索引。

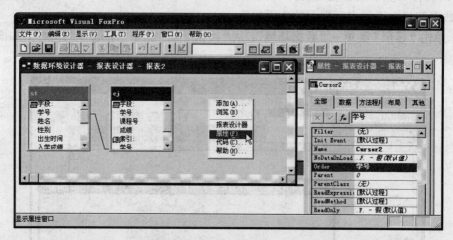

图 14-15   设置索引

9. 添加控件

1) 从数据环境中添加表中字段

打开报表的数据环境设计器，将需要的字段拖放到布局上，如图 14-16 所示。

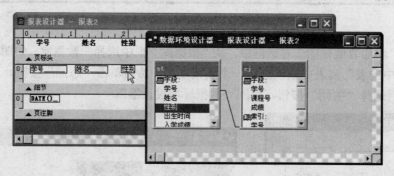

图 14-16   从数据环境中添加表中字段

2) 添加标签控件

标签控件是希望出现在报表中的原义文本字符。例如"总计数"标签指明了某一字段控件中的内容包含有总计表达式。

从"报表控件"工具栏中单击"标签"按钮，在"报表设计器"中单击，可将一个标签控件放置在报表中，键入该标签的字符。设置文本后，可以更改字体、文本颜色、背景色等。

3) 添加通用字段

在"报表设计器"工具栏上，单击"图片/ActiveX 绑定控件"，在报表设计器上拖动，这时将弹出"报表图片"对话框，在"图片来源"区域选中"字段"，如图 14-17 所示，在"字段"框中，键入字段名；或者选择...按钮来选定字段或变量，最后单击"确定"按钮。

通用字段的占位符将出现在定义的图文框内。默认情况下，图片保持其原始大小。

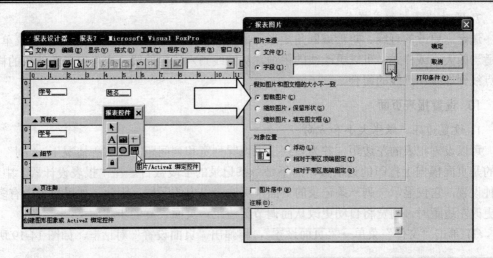

图 14-17 "报表图片"对话框

4) 绘制线条

在"报表控件"工具栏中单击"线条"按钮,在报表布局中拖动可添加垂直和水平直线。例如,在报表主体内的详细内容和在报表的页眉和页脚之间划线。

绘制线条后,可以移动或调整其大小,还可以更改它的粗细和颜色。

5) 绘制矩形

使用"报表控件"工具栏中的"矩形"按钮,可以在布局上绘制矩形,从而醒目地组织打印在页面上的信息,也可以把它们作为报表带区或者整个页面周围的边框。

6) 绘制圆角矩形和圆形

从"报表控件"工具栏中选择"圆角矩形"按钮,在"报表设计器"中拖动调整该控件。双击该控件,将弹出"圆角矩形"对话框,在"样式"区域中,选择想要的圆角样式,如图 14-18 所示。

图 14-18 "圆角矩形"对话框

7) 更改线条粗细或样式

选定需更改的直线、矩形或圆角矩形，单击"格式"菜单→"绘图笔"，从子菜单中选择适当的大小或样式，可以更改线的粗细，从细线到六磅粗的线，也可以更改线条的样式，从点线到虚线和点线的组合。

10. 设置报表页面

1) 设置边距、纸张大小和方向

可以设置报表的左边距，并为多列报表设置列宽和列间距。在这种情况下，"列"一词指的是页面横向上打印的记录数，而不是单条记录的字段数目。在"报表设计器"中没有这种设置，它仅显示一列一条记录的页面中页边缘以内的区域。因此，如果报表中有多列，当更改左边距时，列宽将自动更改从而调节新边距。页面设置的步骤如下：

(1) 单击"文件"菜单→"页面设置"，将弹出"页面设置"对话框，如图 14-19 所示。

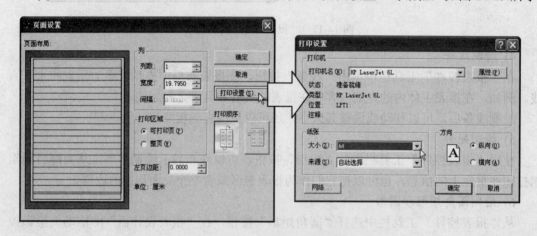

图 14-19   "页面设置"对话框

(2) 在"左页边距"框中输入一个边距数值，页面布局将按新的页边距显示。

(3) 单击"打印设置"按钮，在"打印设置"对话框中，从"大小"列表中选定纸张大小，从"方向"区选择"纵向"或"横向"，单击"确定"。

2) 定义页面标头和注脚

设置在"页标头"和"页注脚"带区内的控件，将在报表的每个页面都出现一次。有很多页的报表一般应在标头或注脚中包含报表的名称、页码、日期和标签。

3) 定义细节带区

设置在细节带区内的控件对每条记录通常均打印一次。

4) 添加标题和总结带区

"标题"带区包含有在报表开始时要打印的信息，"总结"带区包含有报表结束时要打印的信息，它们都可以单独占用一页。带有总计表达式的域控件，放置在总结带区内后，将对表达式涉及的所有数据求总计。

如图 14-20 所示，单击"报表"菜单→"标题/总结"，在"标题/总结"对话框中，选中需要的带区。如果把需要添加的带区单独作为一页，应选中"新页"选项。最后单击"确定"按钮，这时可看到在"报表设计器"中显示出了新添加的带区。

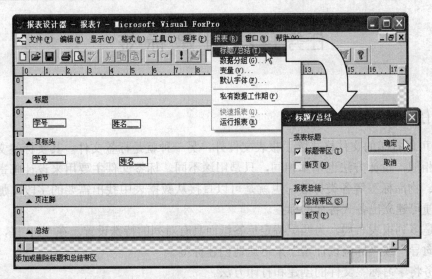

图 14-20 添加标题和总结带区

11. 更改字体

在报表设计器中，可以更改标签控件中文本的字体和大小，也可以更改报表的默认字体。

1) 更改报表中的字体和大小

选定要更改的控件，单击"格式"菜单→"字体"，此时显示"字体"对话框，选定适当的字体和磅值，然后选择"确定"按钮。

2) 更改默认字体

单击"报表"菜单→"默认字体"。在"字体"对话框内，选择想要的适当字体和磅值作为默认值，然后选择"确定"按钮。只有改变了默认字体后，插入的控件才会反映出新设置的字体。

思考与练习

1. 设计报表时包括两个部分：_____和_____。

2. 在 VFP 中提供的 3 种创建报表的方法是：_____、_____和_____。

3. 域控件可以打印表或视图中的_____、_____和_____。

4. 数据分组之后会自动弹出两个带区是_____和_____。

5. 利用 VFP 的快速报表功能建立一个满足如下要求的简单报表：

(1) 报表的内容是 order_detail 表的记录(全部记录，横向)。

(2) 增加"标题带区"，然后在该带区中放置一个标签控件，该标签控件显示报表的标题"器件清单"。

(3) 将页注脚区默认显示当前的日期改为显示当前的时间。

(4) 将建立的报表保存为 report1.frx。

任务 14.2　创 建 标 签

任务导入

VFP 可以打印的文件格式除了报表文件外，另一种就是标签文件。其实标签文件与报表文件很相似，设计方法也基本相同，只是用途不同。标签文件主要用来设计邮寄标签、磁盘标签、物品标签等各类标签，也就是可以直接从数据表中找出需要的字段，加以适当的排列，便可建立出各式各样的标签。

标签是多列报表布局，为匹配特定标签纸而具有对列的特殊设置。在 VFP 里，可以使用"标签向导"或"标签设计器"来迅速地创建标签。

本任务将学习标签文件的创建和打印方法。

学习目标

(1) 会创建标签文件。
(2) 会预览报表和标签文件。
(3) 会打印报表和标签文件。

任务实施

1. 启动"标签向导"

利用"标签向导"创建标签文件是创建标签的简单方法。用"标签向导"创建标签文件后，可用"标签设计器"定制标签文件。

在"项目管理器"中的"文档"选项卡中，选中"标签"，单击"新建"按钮，在"新建标签"对话框中，选择"标签向导"，如图 14-21 所示，即可启动"标签向导"。

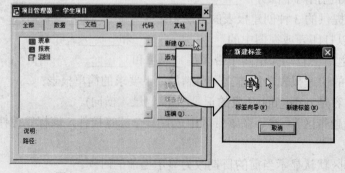

图 14-21　通过"项目管理器"启动"标签向导"

另外，还可以单击工具栏上的"新建"按钮，在"新建"对话框中选择"标签"，并单

击 "向导" 按钮来启动 "标签向导"。

2. 使用 "标签向导" 创建标签

在 "标签向导" 中，可以原样使用标签布局，也可以按定制报表的方法定制标签布局。
具体操作步骤为：

(1) 启动标签向导后，首先进入 "步骤 1—选择表"，在此选取一个表或视图，如图 14-22
所示，单击 "下一步" 按钮。

(2) 在 "步骤 2—选择标签类型" 中，向导列出了 VFP 安装的标准标签类型，从中选择
一种，如图 14-23 所示。如果需要的标签没有在列表框中，可选择近似的一种，以后再用标
签设计器修改标签。

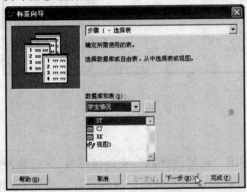

图 14-22 选择表   图 14-23 选择标签类型

(3) 单击 "下一步" 按钮，在 "步骤 3—定义布局" 中，如图 14-24 所示，按照在标签
中出现的顺序添加字段，选定字段名，并选择右箭头按钮 ▶ 。若要在同一行上放置多个字
段，添加第一个字段，然后选择空格按钮 空格 ，或者标点符号按钮，然后添加下一个字段。
若要在一行上添加文本，在文本框中输入文本，并选择右箭头按钮 ▶ 。要开始新一行，选
择回车按钮 ↵ 。

当向标签中添加各项时，向导窗口中的图片会自动更新来近似地显示标签的外观。如果文
本行过多，则文本行会超出标签的底边。也可以使用 "字体" 按钮更改标签上使用的字体。

(4) 继续单击 "下一步" 按钮，在 "步骤 4—排序记录" 中，按照排序记录的顺序选择
字段，如图 14-25 所示。缺省时按这些记录在表中的原有顺序排列。

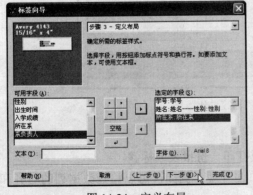
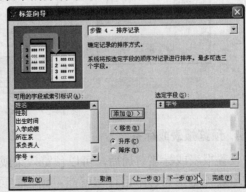

图 14-24 定义布局   图 14-25 排序记录

　　(5) 继续单击"下一步"按钮,进入"步骤 5—完成",如图 14-26 所示,单击"预览"按钮可以查看设计的标签效果,单击"关闭"按钮返回"标签向导"。

　　单击"完成"按钮,在"另存为"对话框中保存标签文件,生成的标签文件扩展名默认为 .lbx。

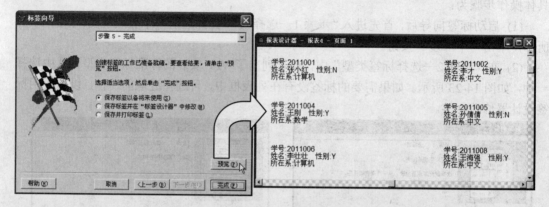

图 14-26　完成

3. 使用"标签设计器"创建标签

　　除了使用标签向导来创建标签外,还可以使用"标签设计器"来创建标签。"标签设计器"是"报表设计器"的一部分,它们使用相同的菜单和工具栏。两种设计器使用不同的默认页面和纸张,"报表设计器"使用整页标准纸张,"标签设计器"的默认页面和纸张与标准标签的纸张一致。

　　使用"标签设计器"创建标签的步骤如下:

　　(1) 在"项目管理器"中,选定"标签",单击"新建"按钮。

　　(2) 在"新建标签"对话框中,如图 14-27 所示,单击"新建标签"。如果未定义标签布局,"标签设计器"将显示在缺省的页面上。

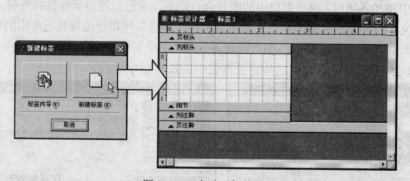

图 14-27　启动"标签设计器"

4. 预览报表或标签

设置报表或标签布局后,可以预览效果或打印一份报表或标签。

通过预览报表,不用打印就能看到它的页面外观。例如,可以检查数据列的对齐和间隔,或者看报表是否返回希望的数据。

单击"显示"菜单→"预览"，在"打印预览"工具栏中选择"前一页"或"下一页"来切换页面。若要更改报表图像的大小，应选择"缩放"选项。单击"关闭预览"按钮，可返回到设计状态。

如果出现提示"要将所做更改保存到文件？"那么，在选定关闭"预览"窗口时一定还要选定关闭布局文件。此时可以选定"取消"按钮回到"预览"，或者选定了"保存"按钮保存所做更改并关闭文件。如果选定了"否"，将不保存对布局所做的任何更改。

5. 打印报表或标签

使用"报表设计器"创建的报表或标签布局文件只是一个外壳，它把要打印的数据组织成令人满意的格式。它按数据源中记录出现的顺序处理记录。如果直接使用表内的数据，数据就不会在布局内按组排序。在打印报表文件前，应检验数据源能否正确地对数据进行排序。如果表是数据库的一部分，创建视图并且把它添加到报表的数据环境中，该视图将进行数据排序。如果数据源是一个自由表，可以创建并运行查询，并将查询结果输出到报表。如果不需要排序数据，可以从"报表设计器"中打印报表。

打印报表的方法很简单，单击"文件"菜单→"打印"，在"打印"对话框中设置打印范围和份数，如图 14-28 所示，单击"确定"按钮。

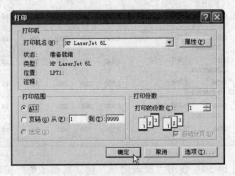

图 14-28　"打印"对话框

如果未设置数据环境，则显示"打开"对话框，并在其中列出一些表，从中可以选定要进行操作的一个表，VFP 把报表发送到打印机上。

思考与练习

1. 标签文件主要用于什么场合？
2. 创建标签文件的方法主要有哪几种？
3. 设计打印学生考试准考证的标签，内容和布局自定。

技能训练

使用第 13 章技能训练中的数据，完成下面操作。

(1) 使用快速报表建立雇员工资一览表，如图 14-29 所示。

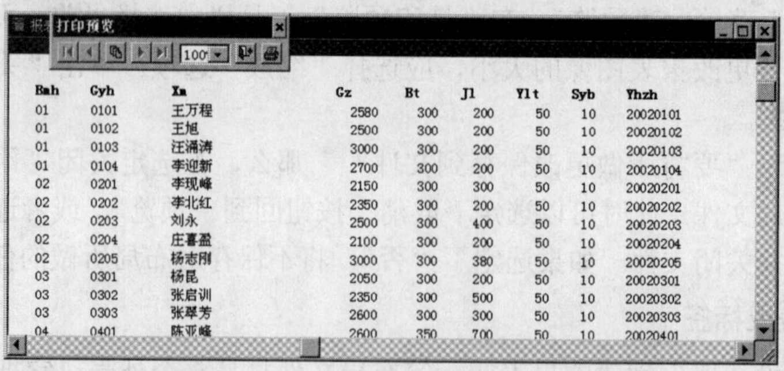

图 14-29 使用快速报表建立雇员工资一览表

(2) 使用"报表向导"建立雇员工资一览表，如图 14-30 所示。

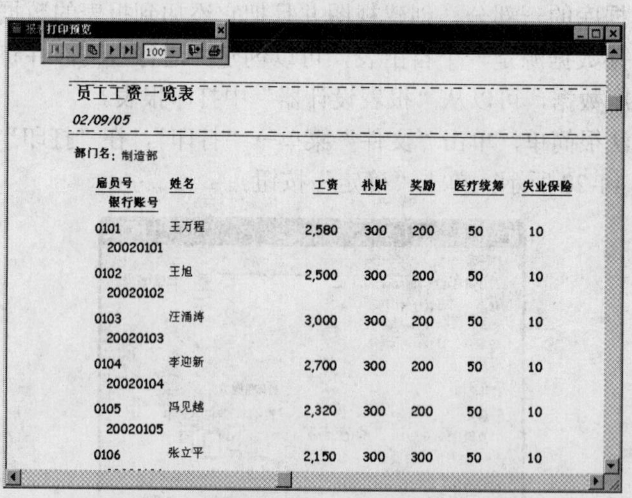

图 14-30 使用"报表向导"建立雇员工资一览表

(3) 使用报表设计器修改员工工资一览表，结果如图 14-31 所示。

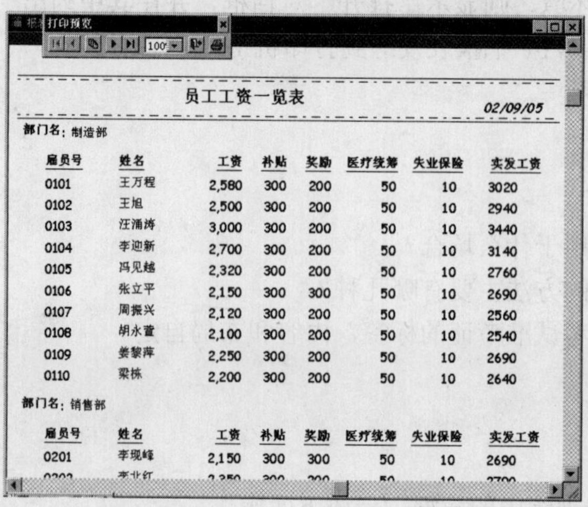

图 14-31 预览报表